アクティブラーニングで学ぶ

情報リテラシー

宇田　隆哉
井上　亮文　共著

コロナ社

まえがき

本書は，「情報リテラシー」というタイトルのもと，情報通信技術の原理的な側面と，それらがどのように現在およびこれからの社会に役立てられていくかをまとめたものである。

本書は，コンピュータやソフトウェアに関する最低限の利用方法を修得している学生を想定している。多くの場合，情報リテラシーといえば，コンピュータやソフトウェアの使い方，マナーの学習を指すことが多い。しかし，情報通信技術は猛烈な勢いで進化し，変化していく。昨日まで使っていたウェブサービスの画面や機能が翌日には一変していることが日常茶飯事な中では，そのような知識はすぐに陳腐化してしまう。

その一方，技術の基本原理は変わりにくい。たとえ変わったとしても，過去の知識を理解していれば，それをもとにして新しい仕組みを理解することに役立つ。また，情報通信技術はすでに社会に深く溶け込み，あって当たり前の生活基盤である。現在の情報通信技術が社会に果たす役割を見ることは，未来の情報通信技術が支える社会を想像し，それに備えることにつながるであろう。

第I部では，情報通信技術の基本原理について扱う。インターネットの仕組みや動作原理だけでなく，セキュリティの基本原理にも触れることで安全に対する意識を啓発する。

第II部では，人や社会の側から見た情報通信技術のあり方について扱う。われわれの身近にあるサービスの原理や情報機器の仕組みを理解することで，情報技術が不可分となる社会で生きるための基礎的な素養を養う。

本書は，アクティブラーニング型の学習が行える書き方になっている。一般的な教科書では，一方的に解説をしてそれで終わりである。確かに，紙面を最大限有効に活用してなにかを解説するには，その解説に紙面のすべてを割り当てることが最も適切である。しかし，概してこのような構成では，場合によっては読者は理解した気になっているだけか，読破による満足感に包まれているだけで学習が終了してしまう。本書では，読者が技術的な仕組みを理解して説明できることを目指している。別の言い方をすれば，技術的な仕組みを正確に理解していない読者に，理解していないことを気付かせ，それを理解せずにつぎに進んではいけないことを認識させるようにするということであり，それがアクティブラーニングという形になっている。本書を読む際には，文字や図表を目で追うだけでなく，必ず手を動かし頭脳を働かせて，アクティブラーニングの問題に取り組んでほしい。本書のアクティブラーニングの問題は，暗記では答えられないものになっているし，数秒の思考で即答できるものでもない。アクティブラーニングの問題に答えられないときには，もう一度本書の説明を読み直してほしい。直前の説明を読んだだけでわからない場合には，さらにその前の説明に戻る必要がある。一部の問題に正解はなく，インターネット検索の結果も駆使して自分の考えをもつ必要がある。このようにして理解した内容は，実際に役立つ知識の一つとなり，さらに複雑な情報技術を学ぶ際の一助になるであろう。

最後に，本書を執筆するにあたってご支援とご助力を頂いたコロナ社の関係各位に深く感謝する。

2016 年 8 月

宇田隆哉，井上亮文

目　次

第I部　情報通信技術の動作原理

1　インターネット

1.1　IPアドレス …… 1
1.2　NAPT …… 3
1.3　DHCP …… 9
1.4　DNSの偽装 …… 12
1.5　ハブ …… 15
1.6　OSI参照モデル …… 20
理解度チェック …… 22

2　SSL（TLS）

2.1　前提知識 …… 24
2.2　共通鍵暗号 …… 26
2.3　公開鍵暗号 …… 27
2.4　鍵交換 …… 29
2.5　ハッシュ関数 …… 31
2.6　ディジタル署名 …… 32
2.7　公開鍵証明書 …… 34
2.8　SSLの仕組み …… 36

理解度チェック …… 39

3 無　線　LAN

3.1　Wi-Fi …… 40
3.2　周波数による特性 …… 42
3.3　Wi-Fi の 規 格 …… 44
3.4　Wi-Fi のセキュリティ …… 47
理解度チェック …… 51

4 携帯電話と電子メール

4.1　携帯電話の通信方式 …… 52
4.2　携帯電話に関する用語 …… 55
4.2.1　プラチナバンド …… 55
4.2.2　SIM ロ ッ ク …… 55
4.2.3　ロ ー ミ ン グ …… 56
4.2.4　プリペイドSIM …… 56
4.2.5　NFC …… 56
4.2.6　WiMAX …… 57
4.2.7　LTE …… 57
4.3　電 子 メ ー ル …… 58
4.4　通信経路を暗号化する電子メール技術 …… 60
4.5　暗号化と署名が行える電子メール技術 …… 61
4.6　Web メ ー ル …… 62
理解度チェック …… 64

5　DNS

5.1　DNSの仕組み …… 65
5.2　正引きと逆引き …… 68
5.3　キャッシュと有効期限 …… 71
5.4　ダイナミックDNS …… 73
理解度チェック …… 76

6　IPアドレス

6.1　IPアドレスの計算 …… 77
6.2　セグメント …… 80
6.3　サブネットマスク …… 82
6.4　ブロードキャストアドレスとネットワークアドレス …… 87
理解度チェック …… 89

7　パケット通信

7.1　パケットの仕組み …… 90
7.2　MTU …… 92
7.3　MSS …… 93
7.4　TTL …… 95
7.5　パケット分割 …… 96
理解度チェック …… 98

第II部 社会から見た情報通信技術

8 人と情報の接点としてのディスプレイ

8.1 液晶ディスプレイ …… 99
8.2 3D ディスプレイ …… 101
8.2.1 立体視の原理 …… 101
8.2.2 フレームシーケンシャル方式 …… 102
8.2.3 視差バリア方式 …… 104
8.3 タッチスクリーン …… 105
8.3.1 抵抗膜方式 …… 106
8.3.2 静電容量方式 …… 107
理解度チェック …… 109

9 モノの認識技術

9.1 ユビキタスからモノのインターネットへ …… 110
9.2 バーコード …… 111
9.2.1 1次元コード …… 112
9.2.2 2次元コード …… 114
9.3 RFID …… 117
9.3.1 動作原理 …… 117
9.3.2 バーコードとの比較 …… 118
9.3.3 バーコードの代わりとしての利用 …… 119
9.3.4 非接触型 IC カード …… 121
理解度チェック …… 122

10　仮想現実感

10.1　Virtual　と　は ········· 123
10.2　仮想現実感に必要なもの ········· 125
10.3　現実感はどこにあるか ········· 126
10.4　仮想現実感を支えるインタフェース ········· 127
10.4.1　視覚による没入感 ········· 127
10.4.2　聴覚による没入感 ········· 130
10.4.3　触覚による没入感 ········· 131
10.4.4　味覚による没入感 ········· 132
10.4.5　嗅覚による没入感 ········· 133
10.4.6　姿　勢　計　測 ········· 134
10.5　クロスモーダル知覚 ········· 135
10.6　仮想現実感の応用 ········· 135
理解度チェック ········· 137

11　拡張現実感

11.1　拡張現実感とは ········· 138
11.2　拡張現実感に必要なもの ········· 140
11.3　「窓」となるデバイス ········· 140
11.3.1　光学透過型 HMD ········· 141
11.3.2　ビデオ透過型 HMD ········· 142
11.3.3　網膜走査型 HMD ········· 143
11.4　現実世界の「認識技術」 ········· 144
11.5　拡張・増強される「価値」 ········· 146
理解度チェック ········· 147

12 交通の情報化

12.1 ナビゲーションシステム …… 148
12.1.1 カーナビゲーションシステム …… 148
12.1.2 歩行者ナビゲーション …… 150
12.2 位置情報システム …… 150
12.2.1 GPS …… 151
12.2.2 無 線 LAN …… 152
12.2.3 RFID …… 154
12.3 経 路 案 内 …… 155
12.3.1 ネットワークとグラフ …… 155
12.3.2 隣 接 行 列 …… 156
12.4 自動運転技術 …… 158
12.4.1 車線逸脱の防止 …… 158
12.4.2 衝突被害軽減（自動ブレーキ）システム …… 160
12.4.3 ディープラーニングによる画像認識 …… 161
理解度チェック …… 162

13 コンピュータを介したコミュニケーション

13.1 ノンバーバルコミュニケーションとアウェアネス …… 163
13.2 電 子 メ ー ル …… 164
13.3 電 子 掲 示 板 …… 165
13.4 チ ャ ッ ト …… 166
13.5 ブ ロ グ …… 168
13.6 ソーシャルネットワーキングサービス …… 169

13.7　オンラインストレージサービス ………………………… 171
13.8　目的に応じた使い分け ………………………… 172
理解度チェック ………………………… 175

引用・参考文献 ………………………… 176
索　　　　引 ………………………… 177

第I部　情報通信技術の動作原理

1 インターネット

本章では，インターネットにおいて人間が情報をやりとりする際の仕組みについて説明する。インターネットでは，インターネットプロトコル（Internet Protocol：IP）という通信の規約に従って，コンピュータ機器どうしが通信を行っている。IPは，国によってはバージョン6（IP version 6：IPv6）が使用されているが，2016年現在，日本国内では一般的にバージョン4（IPv4）が使用されている。

1.1　IPアドレス

インターネットに接続されているコンピュータ機器には，その機器のネットワーク上の位置を特定するためのアドレス（番地）が割り振られている。これを**IPアドレス**という。日本国内で一般的に使用されているIPv4では，IPアドレスは32ビットのビット列で表現される。1ビットは0か1の値をもっており，これが32個並んで一つのIPアドレスを表現しているのである。その値は，00000000000000000000000000000000から11111111111111111111111111111111までの2^{32}通り，つまり4 294 967 296通り（約43億通り）である。

しかしながら，人間が眺めたとき，0と1のみで構成されるビット列の表現は非常に読みにくく，一瞥して記憶することは困難である。そこで，インターネットの世界では，32ビットの値を8ビットずつ四つのグループに区切り，それぞれの8ビットの値を10進数にしてピリオドで区切って表現する習慣がある。例えば，11000000101010000000101000000001であれば，この32ビットを「11000000」「10101000」「00001010」「00000001」という四つのグループに分割し，それぞれを2進数から10進数に変換すると「192」「168」「10」「1」となるため，このIPアドレスを「192.168.10.1」と表現するのである。なお，この変換方法については6章で詳述する。

IPアドレスのすべてがインターネットに接続されている機器に割り振られているわけではない。IPアドレスの中には，インターネット上に存在しないプライベートIPアドレスというものがある。プライベートIPアドレスの範囲を**図1.1**に示す。

クラスA	10.　0.0.0 〜　10.255.255.255
クラスB	172.　16.0.0 〜 172.　31.255.255
クラスC	192.168.0.0 〜 192.168.255.255

図1.1　プライベートIPアドレス

プライベートIPアドレスには，クラスに応じて三つの範囲がある。クラスがなにを意味しているのかについては6章で詳述する。ここでは，この範囲のIPアドレスがプライベートIPアドレスであることを知ってもらいたい。

自宅で，インターネットに常時接続できる環境をもっている読者もいるであろう。自宅のネットワークとインターネットを接続するために，ブロードバンドルータというものを使用していると思う。ブロードバンドルータのIPアドレスは，購入時に192.168.1.1に設定されていることが多い。これは図のクラスCに書かれている範囲に含まれているプライベートIPアドレスである。

このように，プライベートIPアドレスは，家庭や職場のコンピュータ機器に自由に割り当ててよい。家庭のコンピュータにプライベートIPアドレスを割り当てると，それはあたかもインターネット上に存在するIPアドレスをもった機器のように感じられるが，じつはそうではない。ただし，プライベートIPアドレスもIPアドレスであることに違いはないため，IPを使用して通信することは可能である。つまり，その機器からインターネット上に存在する機器に対しては，IPを使用して情報を送信することができるが，その機器はインターネット上に存在しないIPアドレスを使用しているため，その機器宛ての情報をインターネット上の機器が送信することはできないのである。しかし，自宅のコンピュータがインターネット上の機器と通信していると反論する読者がいるかもしれない。この仕組みについては次節にて解説する。

IP アドレスのうち，プライベート IP アドレスでないものをグローバル IP アドレスという。つまり，0.0.0.0〜255.255.255.255 の中で，図 1.1 の範囲のアドレスを除いたものがグローバル IP アドレスである。グローバル IP アドレスが割り当てられた機器はインターネット上に存在し，その機器宛ての情報を受け取ることができる。

1.2 NAPT

プライベート IP アドレスが割り当てられた機器はインターネット上に存在しないことを前節で述べた。IP では，情報はパケット（小包という意味）という状態で送受信される。IP アドレスをもつ機器は IP を使用した通信が行える。しかし，プライベート IP アドレスはインターネット上に存在しないアドレスであるため，プライベート IP アドレスを送信先として IP を使用してパケットを送信しようとしても，インターネット上ではそのアドレスがどこにあるかだれも知らず，どこにも送ることができないのである。

それでは，自宅のブロードバンドルータを通して，プライベート IP アドレスをもつ機器はどうしてインターネットに接続できるのであろうか。ここで **NAT**（Network Address Translation）という技術を紹介する。**図 1.2** に NAT を使用してプライベート IP アドレスをもつ機器とグローバル IP アドレスをもつサーバが通信する様子を示す。

ブロードバンドルータは，インターネット側にグローバル IP アドレス，LAN（Local Area Network：自宅などのネットワーク）側にプライベート IP アドレスと，1 台で二つの IP アドレスをもっているのが特徴である。まず，192.168.1.5 の機器（ここでは PC）から 1.2.3.4 のサーバにパケットを送る場合について見てみよう。パケットは 192.168.1.5 の PC から 192.168.1.1 のブロードバンドルータに送られる。このとき，IP の仕組みに則ってパケットは送信され，送信元は 192.168.1.5，送信先は 1.2.3.4 になっている。ブロードバンドルータは，

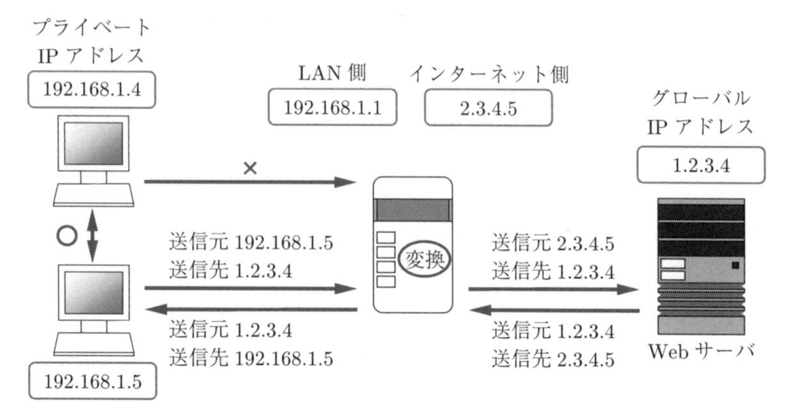

図 1.2　NAT

このパケットをインターネットに送る際，送信元を書き換えて 2.3.4.5 にする†。この書き換えられたパケットがサーバに到着すると，サーバは，2.3.4.5 の機器から自分宛にパケットが送られたと認識する。サーバが返信のパケットを送る場合，送信元は 1.2.3.4，送信先は 2.3.4.5 になる。このパケットは 2.3.4.5 の IP アドレスをもつブロードバンドルータに送られる。ブロードバンドルータはこのパケットを受け取ると，送信先を 192.168.1.5 に書き換えて LAN 側のネットワークに送信する。こうすることで，先ほどパケットを送信した PC は，送信元が 1.2.3.4，送信先が 192.168.1.5 のパケットを受信することができ，あたかもグローバル IP アドレスをもつ機器であるかのように，インターネット上の機器と通信が行えるのである。

前節で，IP アドレスは約 43 億通りであることを述べた。これは，最大でも 43 億個のコンピュータどうししか通信が行えないことを意味する。しかし，プライベート IP アドレスと NAT の仕組みを使えば，より多くの機器がインターネット上に存在しているように見せかけられるのである。

ここで，自宅のブロードバンドルータには，インターネット側のほうにもプライベート IP アドレスが割り当てられていると主張する読者もいるかもしれない。それは，インターネットサービスプロバイダ（Internet Service Provider：

† 「1.2.3.4」や「2.3.4.5」といった IP アドレスは，便宜上用いたものである。

ISP）のゲートウェイ（出入り口に相当する）にも同じ仕組みがあり，プライベート IP アドレスのネットワークが二重になっているのである。**図 1.3** に，ブロードバンドルータにプライベート IP アドレスが割り当てられている場合の NAT の状態を示す。ISP のネットワークは LAN になっており，その LAN 内の機器どうしは通信が行える。このように NAT が何段階になっていても問題なく，インターネット上の機器とプライベート IP アドレスをもつ機器との間で通信は可能である。

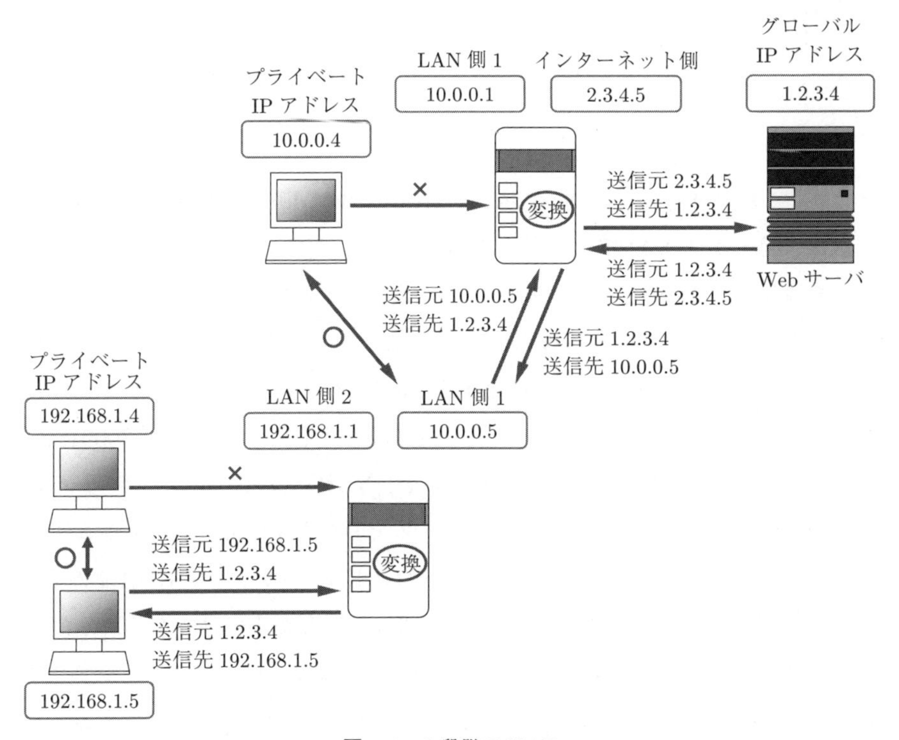

図 1.3 2 段階の NAT

図 1.2 において，192.168.1.4 の PC がインターネット上の機器と通信できないことに気付いたであろうか。ブロードバンドルータは，インターネットから受信したパケットの送信先 IP アドレスをつねに 192.168.1.5 に変更してしまうため，これでは LAN 内にあるほかの PC はインターネット上の機器と通信で

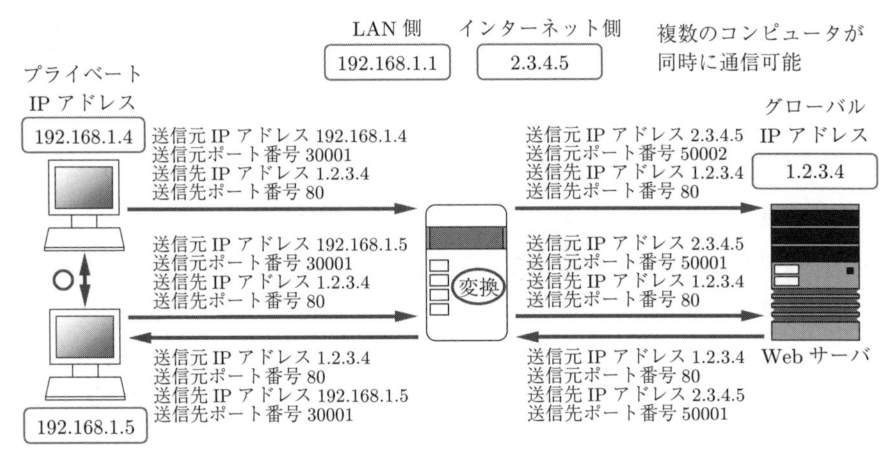

図 1.4　NAPT

きない。これを可能にするのが **NAPT** (Network Address Port Translation) である。**図 1.4** に NAPT の仕組みを示す。

図では TCP/IP を使用した NAPT による変換を例示している。図に示すように，ブロードバンドルータは，IP アドレスだけではなく TCP のポート番号も変換している。192.168.1.4 の PC と 192.168.1.5 の PC から，それぞれ 1.2.3.4 宛てにパケットが送出されている。送信元のポート番号はどちらも 30001 番，送信先のポート番号はどちらも 80 番である。NAPT 機能をもつブロードバンドルータが，このプライベート IP アドレスをもつ LAN 側のゲートウェイとして機能しているとすると，このブロードバンドルータは，192.168.1.4 の PC からのパケットの送信元 IP アドレスを 2.3.4.5 に変えるだけでなく，送信元ポート番号も 50002 番に変換している。同様に，このブロードバンドルータは 192.168.1.5 の PC からのパケットの送信元 IP アドレスを 2.3.4.5 に変えるとともに，送信元ポート番号を 50001 番に変換している。それぞれのパケットについて 1.2.3.4 のサーバから応答があった場合，このブロードバンドルータはその応答となるパケットの送信先 IP アドレスと送信先ポート番号を変換し，LAN 内の正しい PC にその応答を届けている。図では，Web サーバからの応答が 192.168.1.5 の PC に正しく届けられている。

ここで，図 1.4 の場合でも NAT があれば NAPT でなくともよいのではないかと考える人もいるかもしれない。NAPT が必要である理由を**図 1.5** を用いて説明する。

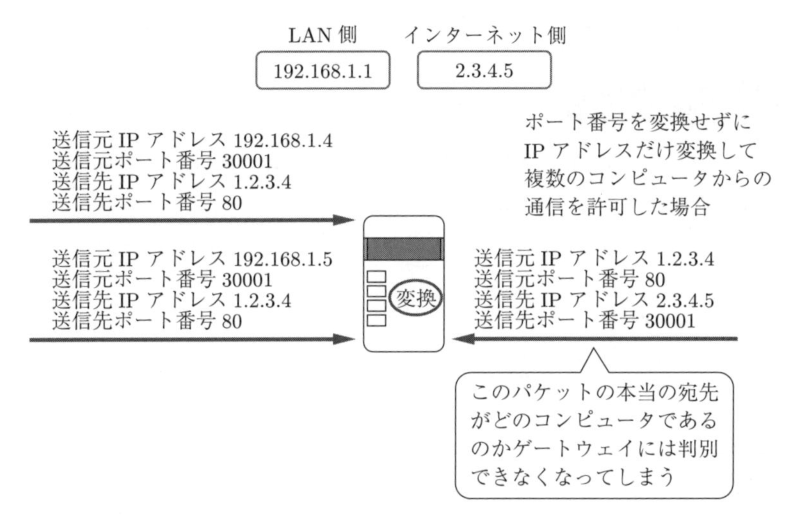

図 1.5 NAPT が必要である理由

図 1.4 で，192.168.1.4 の PC と 192.168.1.5 の PC から送信されたパケットを図 1.5 の左側にまとめた。これらのパケットの情報の変換が，ブロードバンドルータの NAT によって行われるとする。NAT は IP アドレスだけを変換するため，いずれのパケットも送信元 IP アドレスだけがブロードバンドルータのところで 2.3.4.5 に変換される。このとき，二つのパケットの情報が完全に同一になってしまったことに気付いたであろうか。これらのパケットが 1.2.3.4 のサーバに届いた際，サーバから返信されるパケットのアドレスは図 1.5 の右のようになる。このパケットをブロードバンドルータが受け取ったとき，2.3.4.5 となっている送信先 IP アドレスを，192.168.1.4 と 192.168.1.5 のどちらに変換すればよいのか，ブロードバンドルータには区別が付かない。つまり，NAT では LAN 内にある複数台の PC から同時にインターネット上のサーバと通信が行

えないのである。もちろん，LAN 内の PC からつねにこのような情報をもつパケットがインターネット上の同一サーバに送信される訳ではない。しかし一定確率でこのような情報をもつパケットが同時に発生しうることはあり，その際に NAT では正しく通信できなくなってしまうため，NAPT が必要なのである。

アクティブラーニング 1.1

図 1.4 で，192.168.1.4 の PC が 1.2.3.4 のサーバに送信したパケットの応答が，どのようになるか。1.2.3.4 のサーバからブロードバンドルータまでと，ブロードバンドルータから 192.168.1.4 の PC までのパケットのつぎの四つの項目を埋めなさい。

(1)　1.2.3.4 のサーバからブロードバンドルータまで

- 送信元 IP アドレス
- 送信元（TCP）ポート番号
- 送信先 IP アドレス
- 送信先（TCP）ポート番号

(2)　ブロードバンドルータから 192.168.1.4 の PC まで

- 送信元 IP アドレス
- 送信元（TCP）ポート番号

- 送信先 IP アドレス

- 送信先（TCP）ポート番号

1.3 DHCP

本節では，DHCP（Dynamic Host Configuration Protocol）というプロトコルについて理解する。

DHCP は，ネットワークに接続する際に，IP アドレスとそれに付随する情報を自動的に機器に割り振る仕組みをもった通信規約である。DHCP は非常に便利なためさまざまな場所で広く使用されている。例えば，公衆の Wi-Fi サービスを使用してインターネットに自分の機器を接続する場合を想定してみよう。まず，インターネット上の機器と通信するために IP アドレスが必要である。また，6 章で詳細を説明するが，どこまでが LAN でどこからが LAN の外であるのかを区別するために，その LAN で設定されているサブネットマスクの値を知る必要がある。これも 6 章で説明するが，LAN 外の機器と通信するにはゲートウェイを通さねばならず，そのためには，その LAN のゲートウェイの IP アドレスも知る必要がある。これらは，インターネット上の機器と IP を使用した通信を行ううえで必ず必要であるため，公衆の Wi-Fi サービスでは一般的に DHCP を使用して自動的に設定される。

IP の通信を行うだけであれば，前述の設定だけで十分である。しかし，人間が数多くの IP アドレスを覚えてインターネット上の機器に接続することは困難であり面倒であるため，人間はドメイン名やホスト名といった名前を利用している。ここで，DNS が必要になるのである。

DNS については 5 章にて詳述しているので，ここでは DHCP に関連する部

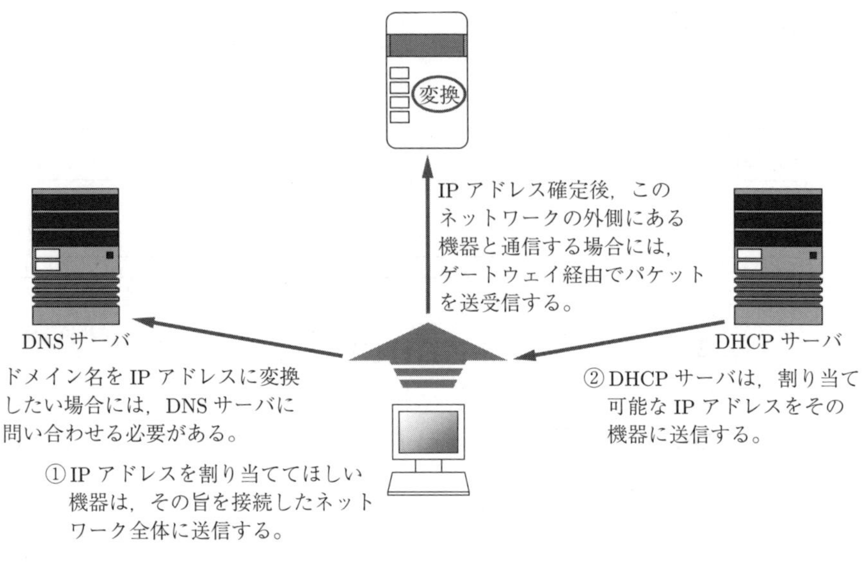

図 1.6　DHCP による IP 割り当ての手順と DNS

分のみ説明する。**図 1.6** に DHCP による IP 割り当ての手順と，ゲートウェイや DNS サーバの関係について示す。

まず，IP アドレスを割り当ててほしい機器は，その旨を接続したネットワーク全体に送信する。その機器は，このネットワーク自体には物理的に接続されているため，信号をブロードキャスト（ネットワーク全体に送信）することは可能である。すると，DHCP サーバは，割り当て可能な IP アドレスをその機器に送信する。このとき，そのネットワークに存在する DHCP サーバが一つとは限らず，複数の DHCP サーバから応答がある可能性があるので，この機器は，IP アドレスの割り当てを頼みたい DHCP サーバの IP アドレスをネットワーク全体に送信し，選択された DHCP サーバから，それでよいかどうかの確認を受け取る。このようにして，その機器が使用する IP アドレスが決定される。

この機器が，このネットワークの外側にある機器と通信する場合には，ゲートウェイを通してパケットを送受信する必要がある。もちろん，ゲートウェイの IP アドレスを手動で設定することも可能であるが，その機器の利用者がゲートウェイの IP アドレスを事前に知っていなければならないため，DHCP サーバにゲートウェイの IP アドレスも決めてもらえば便利である。

一方，DNS は名前（www.teu.ac.jp のような表現）を IP アドレス（183.182.47.91 ような表現）に変換するために必要である。1.2 節の NAPT の環境のように，プライベート IP アドレスの範囲に DNS サーバが設置されている場合，接続するネットワークが変わると，いままでと同じ DNS サーバを参照できるとは限らない。機器が接続しているネットワークで使用可能な DNS サーバの IP アドレスを，自動的に DHCP サーバに決めてもらえば便利である。

DNS サーバの IP アドレスは手動で設定することも可能である。つまり，どの DNS サーバを使用するかはユーザが自主的に選択できる。しかし，自組織にある DNS サーバを世界中に公開していたらどうなるであろうか。この DNS サーバが非力であった場合，世界中からアクセスされて高負荷を掛けられるとサーバがダウンしてしまうかもしれない。サーバに脆弱性があれば，インターネットを経由して侵入されてしまうかもしれない。つまり，自組織にある DNS サーバを世界中に公開することは得策ではない。また，前節で説明した NAPT が用いられている LAN 内にある DNS サーバの場合，プライベート IP アドレスが割り当てられているため，そもそもインターネット上の機器からこのサーバに DNS のリクエストを送ることはできない。よって，利用する DNS サーバは，DHCP を使って適切なものを割り当ててもらうほうが簡便であり，公衆の Wi-Fi サービスでは一般的にそのようになっている。

アクティブラーニング 1.2

DHCP によって割り当てられるつぎの情報が，それぞれなんのために必要であるか，その情報がないとなにができないか説明しなさい。

- IP アドレス

- サブネットマスク

- ゲートウェイのIPアドレス

- DNSサーバのIPアドレス

1.4 DNSの偽装

DNSの仕組みについての詳細は5章で説明する。本節では，インターネットに接続してサービスを利用するうえで，DNSが偽装される可能性と，その仕組みについて説明する。偽装の仕組みを理解していれば，どのような状況でなにに注意すれば安全に通信できるか判断可能であるため，本節の説明は情報リテラシーで学ぶ知識として重要である。

1.3節で，公衆のWi-Fiサービスにおいて一般的にDHCPが用いられていることを述べた。そしてどのDNSサーバを使用するかについても，DHCPによって決定される。公衆のWi-Fiサービスを利用する際，利用者がどのようにして接続する基地局を選択しているか考えてほしい。例えば「無料Wi-Fiあります」と書かれた表示があるとする。この表示自体が偽造である可能性もあるが，ここでは本物であるとする。PCやスマートフォンを使用してWi-Fiのネットワークに接続する際，**図1.7**のように「Wi-Fiネットワークを選択」や「ワイヤレスネットワークを選択」などと書かれた画面があり，そこに表示されて

図 1.7　ワイヤレスネットワークの選択

いる基地局の一覧から接続する基地局を選択するのが一般的である。

そのときに利用者がいる場所が「TEU Hotel」だとしよう。図の画面では，電波強度の強い基地局が優先的に上に表示されることがあり，利用者も電波強度の強い基地局に接続することを一般的に好む。正規に提供されているサービスの基地局名が「TEU_Hotel」だとして，それより電波強度が強い「TEU_Hotel_Lobby」が存在すれば，多くの利用者はそちらに接続するであろう。これは偽の基地局であるが，無線接続であるため姿は見えず，これが本物であると確認する手段はない。

偽の基地局に接続すると，DHCP により IP アドレスなどが割り当てられるが，使用する DNS サーバもこの基地局により割り当てられる。通常は「www.teu.ac.jp」の IP アドレスがなんであるか問い合わせると 183.182.47.91 が得られるが，偽造された DNS サーバであれば，これではない IP アドレスを返すことも可能である。利用者の Web ブラウザの画面には，「http://www.teu.ac.jp」という URL と，正規の Web コンテンツが表示される。これを見ただけで利用者は偽サイトと本物のサイトの区別を付けることはできない。利用者がここで重要な情報を入力してしまうと，その情報は偽サイトに奪い取られてしまうし，利用者をパニックに陥れるような偽の内容が表示されることもある。ここでの説明は割愛するが，本物のサイトの更新に合わせて，偽サイトを更新することも可能であり，現在の本物のサイトに表示されるべき内容を知っていても意味はない。

この問題に対する最も簡単な解決策は，2 章で説明する SSL を使用することである。「https://」で始まる URL でアクセスしている Web サイトは，本節のやり方では偽装できない。

DNS の偽装の危険性は公衆のネットワークサービスにのみ存在するわけではない。自組織のネットワークや信頼の置けるネットワークにおいても，DNS サーバがなんらかの攻撃を受け，正しくない IP アドレスを返している場合があるので注意は，つねに必要である。

アクティブラーニング 1.3

DNS サーバが正しい IP アドレスを返さない可能性のあるネットワークに接続している。「https://」で始まる URL でショッピングサイトにアクセスしたところ，「公開鍵証明書の有効期限が切れている」または「この公開鍵証明書は信頼できる認証局によって署名されていない」という主旨の警告が表示された。なぜこの Web サイトは偽物である可能性があるのか，理由を説明しなさい。

補足するが，公衆の Wi-Fi サービスに偽装した悪意のあるサービスの場合，DNS を偽装するまでもなく利用者から情報を抜き取ったり，利用者に虚偽の情報を提供することは容易である。なぜならすべてのパケットは，この基地局を経由して送受信されているからである。「http://」で始まる URL でアクセスしている Web サイトとの通信は暗号化されていない。つまり，基地局は，利用者に気付かれずに通信内容を自由に閲覧したり変更したりできる。「https://」で始まる URL でアクセスしている Web サイトであれば，公開鍵証明書が正しい限り，このWebサイトの偽装は不可能である。なお，公開鍵証明書が正しくない場合には，接続先サーバのIPアドレスが正しくても，そのサーバが本物である保証はない。なぜなら，DHCPによって指定されたゲートウェイも偽装されている可能性があり，ゲートウェイは宛先のIPアドレスによってどのゲートウェイにパケットを中継するか決めるからである。

1.5 ハ　　　　ブ

本節では，リピータハブ（repeater hub）とスイッチングハブ（switching hub）を紹介し，それぞれの仕組みについて説明する。家庭や職場で有線LANを構築する際，ハブと呼ばれる機器を一般的に使用する。ハブには，ケーブルを接続できるポートと呼ばれる箇所が複数あり，ケーブルを使用して複数の機器をハブに接続する。ハブに接続されている機器どうしは通信可能となる。ハブには，リピータハブとスイッチングハブという種類がある。本節ではその違いと動作原理を説明する。

リピータハブは，1.6節で紹介するOSI参照モデルに当てはめると，物理層を使用して通信を行っている。5ポートあるハブに五つの機器が接続されている例を**図1.8**に示す。

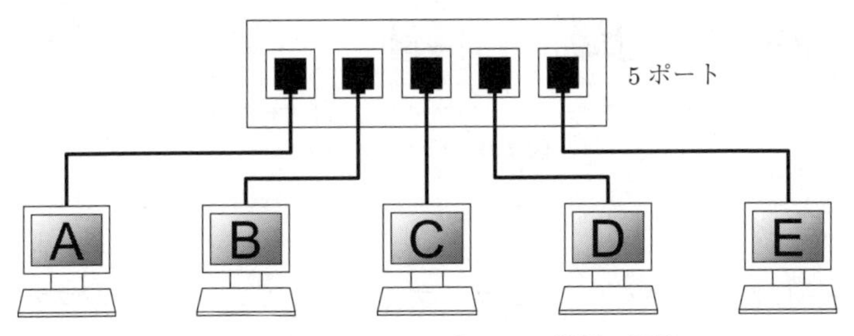

図1.8　5ポートのハブと五つの機器の接続

リピータハブは，ある機器から電気信号が送られると，その電気信号を受信する。そして受信した電気信号の波形を整え，その信号を受信したポートを除くすべてのポートに，同じ電気信号を送信する。入力された電気信号がそのまま出力されるので，リピータ（繰り返すもの）ハブと呼ばれている。

それでは，この電気信号を受信した機器は，どうして自分宛のデータが送られてきたとわかるのであろうか。3.4 節でも登場するが，この信号の中には MAC（Media Access Control）アドレスと呼ばれるものが宛先のアドレスとして記されているのである。この電気信号は，リピータハブによって，その信号を送信したポート機器以外のすべての機器に届けられてしまうが，それぞれの機器は各自の MAC アドレスと同じかどうか比較し，データが自分宛のものかどうか区別しているのである。

アクティブラーニング 1.4

図 1.8 と同じものを**図 1.9** に用意した。A から E までの五つの機器がある。ハブはリピータハブである。A は C 宛てに電気信号を送信すると，その信号はどのように処理されるか。図に追記して説明しなさい。まず，ハブでどのように処理されるか図示し，それから，B，C，D，E でどのように処理されるかそれぞれ説明しなさい。

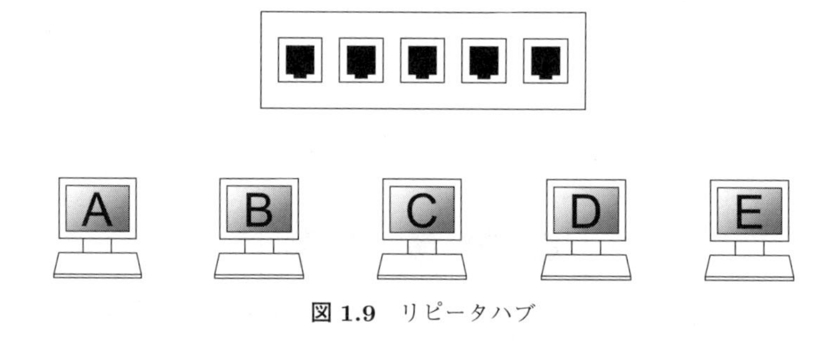

図 1.9　リピータハブ

もう一種類のハブがスイッチングハブである。スイッチングハブでは，7 章で説明するイーサネットフレームの中からハブが送信先 MAC アドレスを参照し，この MAC アドレスに対応するポートにのみこのフレームを送信する。スイッチングハブは，MAC アドレスを識別するため，1.6 節で登場するインターネット・プロトコル・スイートではリンク層を使用して通信を行っていることになる。同じく 1.6 節で紹介する OSI 参照モデルに当てはめるとデータリンク層になる。

アクティブラーニング 1.5

図 1.8 と同じものを**図 1.10** に用意した。A から E までの五つの機器がある。ハブはスイッチングハブである。A は C 宛てにイーサネットフレームを送信すると，その信号はどのように処理されるか，図に追記して説明しなさい。まず，ハブでどのように処理されるか図示し，それから，B，C，D，E でどのように処理されるかそれぞれ説明しなさい。

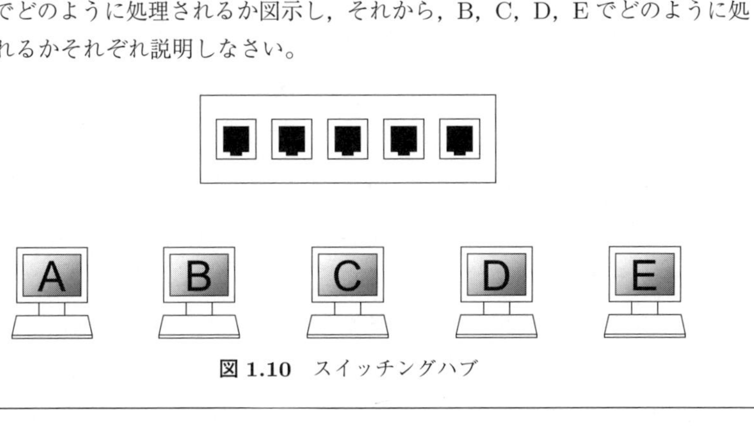

図 1.10　スイッチングハブ

ここまでで，リピータハブとスイッチングハブの違いについて説明した。このほかにも違いがあるので述べるが，まず，現在一般的に使用されているハブのポートを接続するコネクタについて説明する。**図 1.11** に示すように，このコネクタは RJ-45 という規格であり，八つのピンで構成されている。

RJ-45 では，1 番と 2 番のピンが送信用，3 番と 6 番のピンが受信用に使用

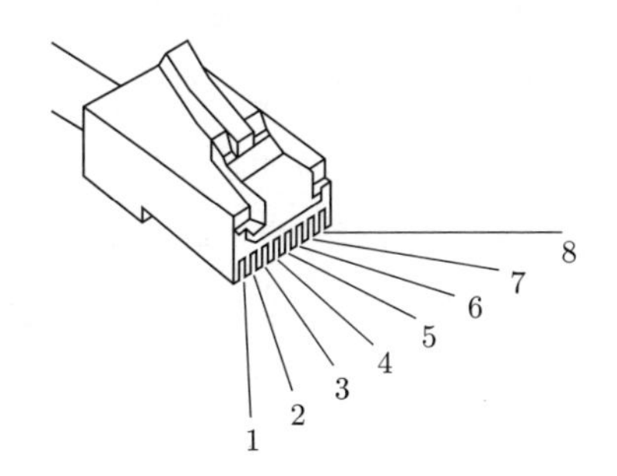

図 1.11　RJ-45 コネクタ

される。つまり，送信と受信の電気信号は，異なるピンを通して送られるということである。それでは，ハブを使った通信では，送信しながら受信も行えるのかという点について考えてみよう。図 1.9 を見てもらいたい。リピータハブでは，A から C 宛てに電気信号を送信すると，それが B，C，D，E のすべてに送られた。A が送信しながら受信する場合を想定すると，例えば同時に D が A 宛てに電気信号を送信することが考えられる。D から A 宛ての電気信号は A，B，C，E 宛てに送られる。このとき B には，A からの電気信号と D からの電気信号の両方が混在して送られてしまい，信号として破綻し，データを読み出せなくなる。つまり，リピータハブでは，送信しながら受信はできないのである。

スイッチングハブの場合はどうであろうか。図 1.10 を見てもらいたい。スイッチングハブでは，A から C 宛てに電気信号を送信すると，イーサネットフレームの中から送信先 MAC アドレスが読み取られ，それが C のポートにだけ送られた。つまり，A のポートの 1 番と 2 番のピンから送信された電気信号が，C のポートの 3 番と 6 番のピンにのみ送信されることになる。このとき，同時に D から A 宛てに電気信号を送信すると，D のポートの 1 番と 2 番のピンから送信された電気信号が，A のポートの 3 番と 6 番のピンにのみ送信される。電気信号は同一のピンに混在しないため，スイッチングハブでは送信しながら受信できるのである。

詳細は 4.1 節で説明するが，通信方式に全二重と半二重という区別がある。全二重とは，送信と受信が行える双方向通信において，同時に送受信が可能なものを指す。半二重とは，送信と受信が行える双方向通信において，同時には送受信が不可能なものを指す。リピータハブを使用する場合は半二重通信となり，スイッチングハブを使用する場合は全二重通信が可能となる。

リピータハブを使って，A から C 宛てに電気信号を送信するのと同時に D から A 宛てに電気信号を送信してしまうとどうなるか。この場合，通信のコリジョン（collision：衝突）が発生する。コリジョンが発生した場合，その通信は正しく行えなかったことになる。スイッチングハブではコリジョンは発生しない。

図1.8では，5ポートのハブに五つの機器を接続した。それでは，六つの機器を接続したい場合はどうしたらよいであろうか。もちろん，6ポートのハブがあれば問題は簡単に解決するが，5ポートのハブしか手元にない場合を想定している。この場合，ハブどうしを接続すれば同時に使用可能なポートが増える。ハブどうしを接続することを**カスケード**（cascade）**接続**という。リピータハブでは，ハブとハブの間でも電気信号を整えてから送信し直すため，カスケードの段数が増加すると電気信号の遅延時間も増加していく。ハブ間で電気信号の遅延が大きくなると，同時に通信している機器があってもそれが同時かどうかの判断が難しくなる。つまり，コリジョンを正しく認識できなくなるのである。そのため，10BASE-Tという規格のハブでは4段，100BASE-TXという規格のハブでは2段までという，カスケードの制限がある。一方，スイッチングハブではコリジョンは発生しないので，カスケード接続の段数制限はない。

アクティブラーニング 1.6

なぜ，スイッチングハブではカスケード接続の段数制限はないのに対して，リピータハブではあるのか。「電気信号の遅延」という言葉を使用して理由を説明しなさい。

1.6 OSI 参照モデル

ISO（International Organization for Standardization）によって策定された **OSI 参照モデル**（Open Systems Interconnection reference model）と呼ばれるものがある。オープンシステムとは，製品を供給する業者（ベンダー）ごとに独自設計のものを生み出すのではなく，共通の仕様で開発されるシステムのことである。機器が単体で動作する場合にはベンダーの独自設計でも支障はないが，複数の機器が連係して動作するシステムでは，ベンダーが異なる機器を自由に混在させられない。オープンシステムであれば，他社の製品より性能がよかったり，価格が安かったりするなど，優位な点がなければ競争に負けてしまうため，製品が高性能で安価になるように切磋琢磨されていく。特に，通信を伴う機器では，通信する部分に共通の仕様がなければオープンシステムとして機能しない。そこで考案されたのがこの OSI 参照モデルである。OSI 参照モデルは ISO/IEC 7498 として規格化されている。

OSI 参照モデルにはつぎに示す七つの層がある。このモデルについて詳細を説明するには，コンピュータやネットワークの世界で扱われているかなりの数の専門用語を先に解説しなければならないため，このモデルの説明は概略にとどめる。

第 7 層　アプリケーション層（Application Layer）　アプリケーションソフトウェアプログラム（以下アプリケーション[†]）で定義されている情報を扱う層である。名前やアドレスなど，予定された通信相手を特定するためのものや，応答時間や耐えられるエラー率など，サービスが許容する質の決定，協調して動作するアプリケーションどうしの同期などをこの層で扱う。

† 本来，アプリケーションは「応用」という意味であり不可算名詞であるが，コンピュータの世界ではアプリケーションソフトウェアプログラムのことを単にアプリケーションと表現しているものがある。ISO/IEC 7498 の仕様書でも，「applications」と複数形で書かれている記述があるため，この意味で使用されている。

第6層 プレゼンテーション層（Presentation Layer） 通信シンタックス（人工言語の構文規則のこと）のネゴシエーション（送信側と受信側の情報を交換して通信する際の設定を決めること）や再ネゴシエーションなどをこの層で扱う。例えば，フォーマット（データの書式）や，送信時にデータを圧縮する方法などもこの層に含まれる。

第5層 セッション層（Session Layer） セッション接続の確立（establishment），開放（release）などをこの層で扱う。セッションとはなにかを一言で説明するのは難しいが，通信機器がなにかひとまとめの動作を行うための接続から切断までの一連の過程を，通信の用語でいう。これは物理的な接続を意味するのではなく，セッション中に物理的な接続が切り替わっていてもよい。例えば，ユーザが Web サイトにアクセスし，複数の Web ページを閲覧してそのサイトを去るというのも一つのセッションである。

第4層 トランスポート層（Transport Layer） コネクションモード（2 点間の接続が確立されるモード）では，トランスポート接続の確立や開放などをこの層で扱う。コネクションレスモード（2 点間の接続が確立されないモード）では，トランスポートアドレスとネットワークアドレスのマッピング（対応付けること）などをこの層で扱う。

第3層 ネットワーク層（Network Layer） ネットワークコネクションを確立，維持（maintain），終了（terminate）する手段の提供などをこの層で扱う。

第2層 データリンク層（Data Link Layer） コネクションモードでは，データリンクアドレスやデータリンクコネクションなどを扱い，コネクションレスモードでは，データリンクアドレスや定義された最大サイズのデータリンクサービスデータユニットの転送などを扱う。

第1層 物理層（Physical Layer） 物理コネクションをアクティブにする（使用している状態にする），維持する，ディアクティブにする（使用していない状態にする）ための，機械的（mechanical），電気的（electrical），機能的（functional），手続き上の（procedural）手段の提供などをこの層で扱う。

前述の説明を見てわかるように，インターネットに接続して使用する機器で使われる用語は，OSI 参照モデルには登場していない。現在，一般的に広く使用されている，インターネットに接続して使用する機器は，OSI 参照モデルに準拠するように設計されているわけではない。しかし，これらの機器の通信機能を説明するうえで，OSI 参照モデルに対応付けて考えるとわかりやすいため，OSI 参照モデルを理解してほしい。インターネットに接続して使用する機器には，**インターネット・プロトコル・スイート**（Internet Protocol Suite）というモデルがある。これは 4 層からなり，第 1 層がリンク層（Link Layer），第 2 層がインターネット層（Internet Layer），第 3 層がトランスポート層（Transport Layer），第 4 層がアプリケーション層（Application Layer）である。1.1 節で登場した IP であればインターネット層に，3.4 節で登場する MAC であればリンク層に含まれている。

アクティブラーニング 1.7

OSI 参照モデルの七つの層をすべて答えなさい。なお，層の上下関係についてもわかるように説明しなさい。

理解度チェック

- □ プライベート IP アドレスとグローバル IP アドレスがどのようなものであるか理解した（1.1 節）。
- □ NAT や NAPT がどのようなものであるか理解した（1.2 節）。
- □ プライベート IP アドレスを使用する LAN 内の機器が，インターネット上のサーバと通信する際に NAPT を利用する原理について理解した（1.2 節）。

- □ DHCP の仕組みについて理解した（1.3 節）。
- □ DNS が偽装されるとなにが起きるか，利用者はどのような場合になにに注意しなければならないか理解した（1.4 節）。
- □ リピータハブとスイッチングハブの仕組みについて理解した（1.5 節）。
- □ OSI 参照モデルの七つの層とインターネット・プロトコル・スイートについて理解した（1.6 節）。

2
SSL (TLS)

本章では，インターネットで安全に通信ができる仕組みである **SSL**（Secure Sockets Layer）について学ぶ。SSL はネットスケープコミュニケーションズ社（Netscape Communications Corporation）によって開発されたプロトコルであり，IETF（the Internet Engineering Task Force）によって標準化され，現在の名称は **TLS**（Transport Layer Security）である。SSL によってインターネット上のコンピュータ間で安全な通信が行えるようになり，この仕組みが Web ブラウザに搭載されて一般的に使用されるようになったことは意義深いものであった。SSL はインターネットの普及に大きな貢献をしたといえる。本章では，SSL を説明するうえで必要な技術である，共通鍵暗号，公開鍵暗号，ハッシュ関数，ディジタル署名，公開鍵証明書について概略を解説し，なぜ SSL が安全なのか，SSL によってなにが安全になるのかを理解できるようにする。なお，本章で解説するのは SSL の概略であり，プロトコルの詳細ではない。また，SSL で使用される暗号技術についても解説は概略のみにとどめ，個別の暗号アルゴリズムの詳細については割愛する。

2.1　前　提　知　識

SSL の説明をする際，暗号に関するいくつかの用語が登場する。SSL の理解の前に，それぞれの用語についてそれがどのようなものか知っておいてほしい。

まずは平文（ひらぶん）（plaintext）という用語を説明する。これは，暗号化する前の元の情報のことである。「文」という文字が付いており，英語でも「text」となっているので，「こんにちは」や「abcde」のような文字列を想像する人が多いかもしれない。確かに，昔は暗号といえば言葉を簡単には解読できなくするものであった。しかし，現在ではコンピュータを用いて暗号の処理を行っている。コンピュータが扱うデータはすべて 0 と 1 の値しかもたない“ビット”で構成されており，例えばアルファベットの A の文字は ASCII コードで「1000001」である。つまり，コンピュータにとっては，「こんにちは」や「abcde」のような文字列であろうと，画像であろうと，音声であろうと，動画であろうと，いずれも同じただのビット列でしかないのである。よって，コンピュータの世界では，平文は文字列でなくてもどんな形式のデータでもよいのである。

平文を解読しにくいように決められた規則に基づいて変換すると，**暗号文**（ciphertext）となる。この変換を**暗号化**（encryption）という。暗号文を平文に戻すことを**復号**（decryption）という。

昔から暗号は軍事目的に使用されてきたが，暗号といえばアルゴリズムそのものが秘密であり，これを知ることができるかどうかは暗号を解けるかどうかと同等の価値があった。しかしこの方法では，難解な暗号を苦労して考案しても，捕虜がしゃべったりスパイに見つかったりしてしまえば，暗号そのものを考案し直さなければならなくなってしまう。短時間でずさんな暗号アルゴリズムを考案すると，容易に解読されてしまう恐れもある。そこで，現代暗号においては，暗号はアルゴリズムと鍵という二つの要素に分けられるのが一般的である。このようにしておけば，鍵が不用意に漏洩してしまっても，新たな鍵を生成するだけで再び同じ暗号アルゴリズムを使用して暗号化を行うことが可能となる。さらに，現在では暗号アルゴリズムは公開が原則となってきている。暗号アルゴリズムが公開されているということは，世界中の人間がそのアルゴリズムの弱点を研究できるということであり，世界の叡智を結集しても破るのが困難であれば，同じ人間である敵にも容易には破れないことになる。

SSL に使用されている暗号方式は，大きく**共通鍵暗号**（きょうつうかぎあんごう）と**公開鍵暗号**（こうかいかぎあんごう）に分けられる。共通鍵暗号では，暗号化と復号に同じ鍵を用いており，公開鍵暗号では，暗号化と復号に異なる鍵を用いている。このほか，ハッシュ関数とディジタル署名も登場するので，順を追って理解されたい。

2.2 共通鍵暗号

共通鍵暗号は，紀元前から現在まで人類によって使用されている暗号方式である。古くは，ジュリアス・シーザー（ユリウス・カエサル）もこの暗号方式を用いていたことが知られている。シーザーは紀元前に活躍しており，紀元が変わる頃に死没しているため，約2000年くらいは人類が共通鍵暗号を使用していることになる。

シーザーも使用していた初期の暗号方式は，**換字式暗号**（かえじしきあんごう）(substitution cipher) と呼ばれるものである。換字式暗号では，文字を置き換えることで暗号化を行っている。換字式暗号の一例を**図2.1**に示す。この例では，各文字をアルファベット順に後ろに3文字ずらしている。Aの文字はDになり，Bの文字はEに，Cの文字はFになる。

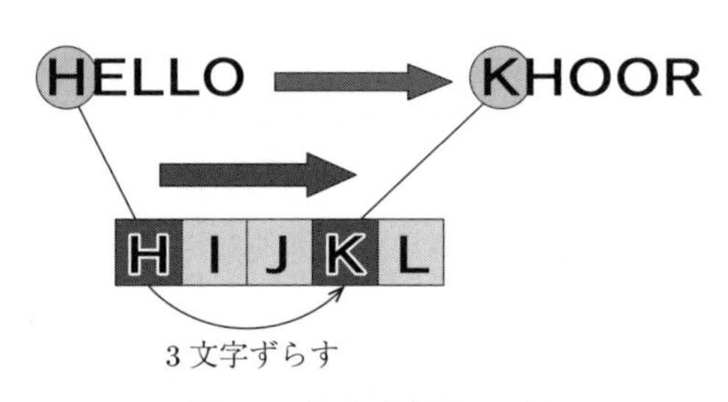

図2.1　換字式暗号の一例

この方法では，すべての文字を何文字かずらしていけば，そのうち人間が読める文が現れてしまう。アルファベットであれば26通りしかずらし方が存在しないため，最悪26回試行すれば平文にたどり着くことになる。それでは，ここで鍵の概念を考え，1文字目を3文字ずらし，2文字目を5文字，3文字目を2文字，4文字目を15文字ずらしたらどうなるだろうか。鍵が「3,5,2,15」であると考えればよい。これだけで，26^4通りの組み合わせが存在するため，先ほどと同じ解読方法では456 976回の試行が必要になった。もちろん，現在はコンピュータを使用して暗号を処理するため，26回と456 976回の難易度にはさほどの違いはないだろう。また，この方法では各文字の処理が独立してしまっているため，解読を容易にしている。それでは，1 文字目を処理した結果が 2 文字目の暗号化に影響が出るようにし，2 文字目の処理も 3 文字目に影響が出るようにしていけばどうだろうか。ほかにも，1 文字目と 5 文字目を入れ替えて，2 文字目と 4 文字目を入れ替えるなどの方法も考えられる。もちろん，コンピュータは「文字」を扱うのではなく，ビットを扱うので，これらをビット単位で行えば処理はさらに複雑になる。

具体的な共通鍵暗号のアルゴリズムについては本書では割愛するが，ここでは，共通鍵暗号とは，暗号化と復号に同じ鍵である共通鍵を用いたものであることを理解してほしい。

アクティブラーニング 2.1

図 2.2 に共通鍵暗号の流れを示す。A が送信者で B が受信者であるとすると，なにをどのように処理して送信しているのか，図を補完しなさい。もちろん，先ほど登場した，「共通鍵」「平文」「暗号文」「暗号化」「復号」というキーワードを使用することを忘れてはならない。

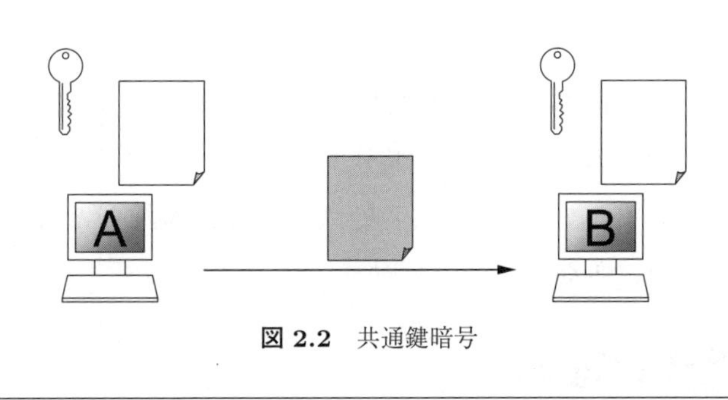

図 2.2　共通鍵暗号

2.3　公 開 鍵 暗 号

2.2 節では，共通鍵暗号について説明した。これまでの説明を振り返り，読者の中には，共通鍵暗号があればインターネットでも安全に暗号化通信が行え，なにも問題はないように思う人もいるだろう。それでは，ここで従来の使用方法を確認してみよう。共通鍵暗号は軍事目的によく使われてきた。ここに指揮官とその部下がいるとする。彼らは使用する暗号アルゴリズムを決め，作成した共通鍵を共有して戦地に分散する。指揮官は，部下と通信する際，事前に取り決めた暗号アルゴリズムと共有した鍵を使用し，暗号化通信を行う。敵はこの鍵を知らないため，通信を傍受しても暗号を解くことはできない。つぎに，日本に住むユーザがアメリカのサーバとインターネットを使用して通信する場合を考える。まず，ユーザは使用する暗号アルゴリズムを決め，作成した共通鍵を持参してアメリカに趣き，サーバの管理者にその鍵を渡す。すでにこの時点で，インターネットを使用した通信は必要ないことに気付いたであろうか。ユーザが直接アメリカに趣くのであれば，ネットワークを使用した通信は不要なのである。では，作成した共通鍵をユーザがサーバに送信してしまうのはどうであろうか。それでは通信を傍受された場合，鍵が漏洩してしまうので，もうその鍵を使用した暗号化通信は行えず，新たな鍵を生成して共有せねばならなくなってしまう。

紀元前から使用されてきた共通鍵暗号だけでは，インターネットで安全な通信を実現するのは困難であることに気付いてもらえただろうか。本節で紹介するのは，1970 年代に登場した新しい暗号方式である公開鍵暗号である。公開鍵暗号の特徴は，公開鍵で暗号化した平文が，その公開鍵と対となる秘密鍵でしか復号できない点にある。

アクティブラーニング 2.2

図 2.3 に公開鍵暗号の流れを示す。A が送信者で B が受信者であるとすると，なにをどのように処理して送信しているのか，図を補完しなさい。もちろん，「データ」ではなく「平文」や「暗号文」という用語を正しく使用することを忘れてはならない。なお，図の鍵のマークは筆者が本書のため決めたものであり，特に世界共通で決まっているわけではない。

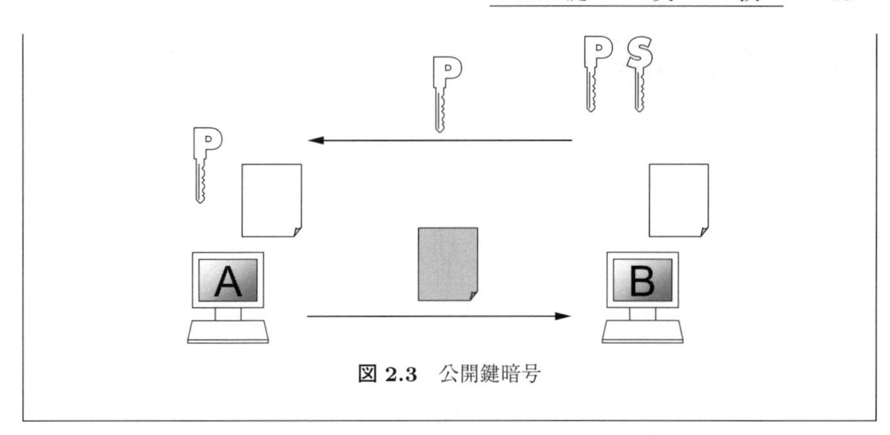

図 2.3　公開鍵暗号

平文を送信者から受信者に送信する前に，受信者が作成した公開鍵を，送信者に送信しておく必要があることに気付いたであろうか。ここで，鍵がインターネットに流れてしまうと，この鍵が傍受された場合に通信が安全ではなくなってしまうと危惧している人もいるかもしれない。図 2.3 で送信されているものをよく見てほしい。それは公開鍵と暗号文である。先述の通り，暗号文を復号するには秘密鍵が必要なのである。秘密鍵は受信者が所持したままであり，インターネットには流れていない。

2.4　鍵　　交　　換

公開鍵暗号さえあれば，インターネットを通して安全にあらゆるものを送受信できると考えている人もいるであろう。しかし，公開鍵暗号の計算は，共通鍵暗号と比較するとかなり困難なのである。コンピュータを用いて計算する場合，共通鍵暗号より長い時間 CPU を使用すると思ってくれればよい。

共通鍵暗号の問題点は，ネットワークごしに通信を開始しようとする二者間で，共通鍵を安全に共有できないことであった。それであれば，公開鍵暗号を使用して共通鍵を安全に共有できれば，インターネットの世界でも安全に共通鍵暗号が使用できることになる。

アクティブラーニング 2.3

図 2.4 に鍵交換の流れを示す。AB 間でなにをどのように処理して送信しているのか，図を補完しなさい。

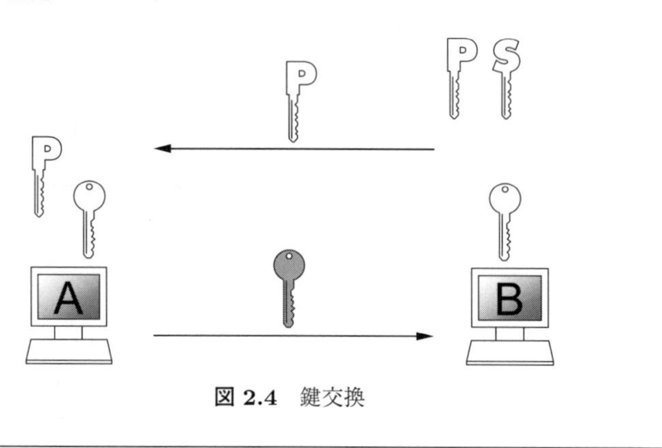

図 2.4　鍵交換

図が複雑になってきたため，理解が困難な読者もいるかもしれない。2.1 節において，平文は文字列でなくても，画像でも音声でも動画でも，どんな形式のデータでもよいと述べたことを覚えているだろうか。「どんな形式のデータ」でもよいのであれば，平文が「共通鍵」であってもよいのである。図 2.4 と図 2.3 をよく見比べてほしい。図 2.3 の「平文」が「共通鍵」に変わっただけで，ほかはなにも変わっていないことに気付いたであろう。「共通鍵」を平文と考えれば，それを暗号化して A が送信し，B が受信して復号し，その共通鍵を取り出しただけである。これで，A と B の間で，安全に共通鍵を共有することができた。つまり，公開鍵暗号を使用して鍵交換を行えば，後は共通鍵暗号を使用して従来通りの暗号化通信が可能なのである。

インターネットを通して送受信されるデータにはさまざまなものがある。それは「おはよう」という文字列かもしれないし，1 TB の動画かもしれない。これらを平文として公開鍵暗号で暗号化することを考えると，それが 1 TB の動画であった場合，かなりの処理時間が掛かりそうである。一方，その動画を共通鍵暗号で暗号化するのであれば，公開鍵暗号で暗号化するのと比較してかなり処理コストが低い。もちろん，鍵交換する共通鍵の長さが1TBであれば鍵交換は無意味であるが，実際に使用される鍵の長さは56ビットであったり，128ビット，192ビット，256ビットであったりとかなり小さいサイズなのである。

2.5 ハッシュ関数

書籍によっては，ここまででSSLの仕組みの説明を終えているものもある。つまり，「SSLによってデータが暗号化されて送受信されるので安全である」という部分だけで，SSLの説明を終えてしまっているのである。本書では残り半分についても説明する。

その前に，本節ではハッシュ関数（hash function）の概念について説明する。ジャガイモがぐちゃぐちゃに潰されて揚げられているハッシュドポテトという料理を知っていると思う。ハッシュとは“ぐちゃぐちゃにする”という意味である。暗号の世界においては，データ（メッセージという）がハッシュ関数を通すとぐちゃぐちゃになる。もちろん，元のデータは“0”か“1”の値が並んでいるだけのビット列であるので，ここでの“ぐちゃぐちゃ”とは，この“0”か“1”の値が大きく変わったビット列になることである。この“ぐちゃぐちゃ”になった値をハッシュ値という。英語ではこの値のことをmessage digestまたは単にdigestと呼ぶのが通例である。もちろん日本語でダイジェストと呼んでもかまわないが，本書ではハッシュ値と呼ぶことにする。

ハッシュ関数にはいくつかの規則がある。まず，ぐちゃぐちゃにされたハッシュ値からは元のメッセージは1ビットたりとも推測できない。元のメッセージが1ビット変化するとハッシュ値は大きく変わる。同じメッセージに対して同じハッシュ関数を使って計算すると，ハッシュ値はつねに同じになる。メッセージの長さ（データサイズ）にかかわらず，同じハッシュ関数であればハッシュ値は同じ長さになる。正確に説明すると，衝突困難性などの性質も説明せねばならなくなるが，本書では割愛する。

それでは，**図2.5**にハッシュ関数の図を示す。なにをどのように処理して送信しているのか，図を補完せよ。もちろん，「メッセージ」「ハッシュ関数」「ハッシュ値」という用語を使用する必要がある。ハッシュ値の長さは，アルゴリズムによって異なるが，160 ビット，256 ビット，512 ビットなどが一般的である。

アクティブラーニング 2.4

図 2.5 の，どれがメッセージでどれがハッシュ値であるか示しなさい。そして，どれに対してハッシュ関数が適用され，どのような長さのどれが出力されるのかわかるように図に書き足しなさい。

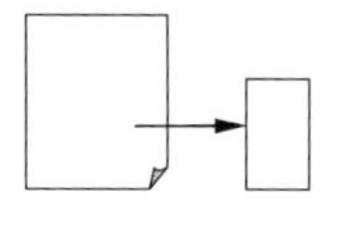

図 2.5　ハッシュ関数

2.6　ディジタル署名

図 2.3 や図 2.4 において公開鍵暗号の仕組みを説明した。2.5 節の冒頭で述べたように，「データが暗号化されて送受信される」ことだけに注目すれば，これで通信は安全になるかもしれない。しかし，攻撃者が行うのは盗聴だけではなく，データの改ざんもある。インターネットでは，攻撃者が任意にデータを改ざんできると考えていたほうがよい。ここで，図 2.3 や図 2.4 をもう一度よく眺めてほしい。B から送られたてきた公開鍵を A が受信している。これは本当に B の公開鍵であろうか。攻撃者がこの鍵を改ざんし，自分が作成した公開鍵と差し替えてしまった場合はどうなるであろうか。当然，その公開鍵と対になる秘密鍵，つまり攻撃者の秘密鍵で復号できてしまう。攻撃者と鍵交換を行ってしまえば，その後の共通鍵暗号の通信内容も，鍵を共有する攻撃者にとっては丸見えである。

この問題を解決する，ディジタル署名というものがある。本節ではディジタル署名について説明する。公開鍵暗号と同じく，ディジタル署名には公開鍵と秘密鍵を用いるが，異なるのは，秘密鍵で署名を行ったメッセージは，対となる公開鍵で正しく検証できるという点である。署名が正しいかどうか公開鍵を使って確認をする処理を**検証**（verification）という。これを認証と呼ぶ者がいるが，それは誤りである。認証については 2.7 節にて後述する。

なお，メッセージに対して，そのまま秘密鍵を使って署名をしてしまうと問題が生じる場合がある。2.4 節でも述べたように，メッセージは数バイトの文字列かもしれないし，1 TB の動画かもしれない。ディジタル署名の計算は公開鍵暗号と同じくコストが大きいため，巨大なサイズのメッセージに対して署名の計算を行うのは好ましくない。そこで，2.5 節で説明したハッシュ関数が登場する。メッセージそのものに対して署名の計算を行うのではなく，メッセージのダイジェスト（ハッシュ値）に対して署名の計算を行うのである。一般的なハッシュ値の長さは 2.5 節の最後に述べた。それは 1 TB よりもはるかに小さい。

アクティブラーニング 2.5

図 2.6 にディジタル署名の流れを示す。なにをどのように処理して送信しているのか，図を補完しなさい。もちろん，メッセージ，ディジタル署名，ハッシュ値という用語を使用する必要がある。

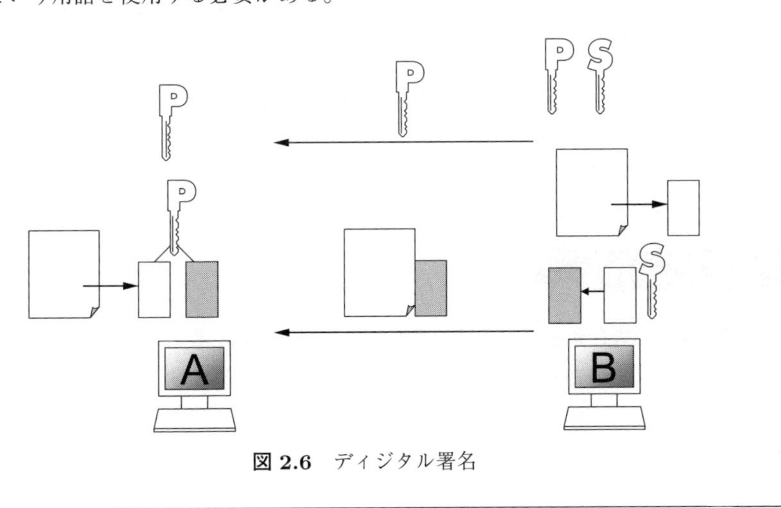

図 2.6 ディジタル署名

AもBも，メッセージに対してそのハッシュ値を計算している。ハッシュ関数が同じであれば，だれが計算しても同じハッシュ値になることは，2.5節にて述べた。ここで，Aが計算したハッシュ値が異なっていれば，ディジタル署名とそのハッシュ値が，Bの公開鍵を使用して正しく検証できないことになる。つまり，Bから受信したメッセージが途中で改ざんされているということがわかる。

2.7　公開鍵証明書

本節では，2.6節で説明したディジタル署名をどのように使えば，2.6節の冒頭で述べた問題が解決するのかについて説明する。ディジタル署名が対象とするメッセージはただのビット列であるので，どんなデータでもよい。つまり，公開鍵に対してディジタル署名を施すことができる。そのようにすることで，その公開鍵は攻撃者が改ざんできなくなる。では，その公開鍵を署名した秘密鍵と対になる公開鍵の信頼性は保証されているのであろうか。この署名を施すのは**認証局**（Certification Authority）と呼ばれる機関であり，信頼されている。署名されたものを**公開鍵証明書**（public key certificate）という。なお，authorityとは権威という意味であり，権威あるものが主体となって対象の真正性（そのものが本物であること）を認めることを**認証**（authentication）という。

アクティブラーニング 2.6

図2.7にWebサイトの公開鍵証明書の仕組みを示したので，図を補完して説明しなさい。上にあるのが認証局，右側にあるのがWebサイト，左側にあるのがユーザのPCである。ユーザは，Webサイトの公開鍵が本物であることを確認したい。

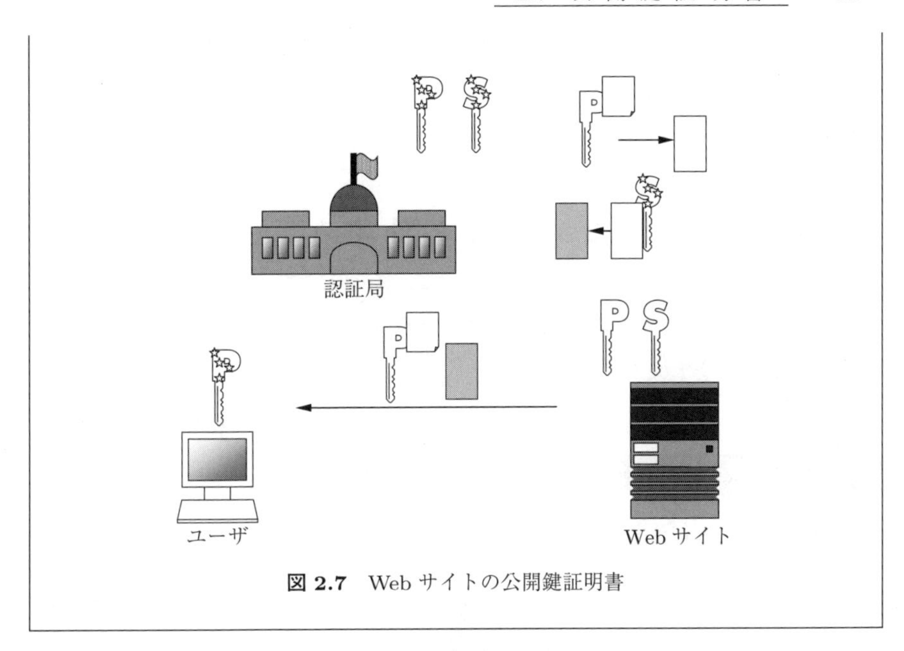

図 2.7 Web サイトの公開鍵証明書

図 2.7 において，Web サイトの公開鍵と合わせて，ハッシュ値を算出しているものがある。これはこの Web サイトの情報である。具体的には名前や ID である。認証局は，Web サイトの管理者が正当なものであることを確認して，この Web サイトの公開鍵に対して公開鍵証明書を発行する。ユーザは，Web サイトの公開鍵が本物であるかどうか，公開鍵証明書を検証して確認する。検証の仕組みについては 2.6 節で説明したディジタル署名と同じである。

ここで，図 2.7 でユーザが所持している，認証局の公開鍵はどのようにして入手するのが妥当か考えてみよう。もし，これを認証局からインターネット経由で送信してもらうと，攻撃者にその鍵を差し替えられてしまう可能性がある。この鍵は，一般的に，最初からユーザの Web ブラウザに組み込まれているのである。ユーザが購入する PC に最初から入っている鍵を，出荷前にだれにも気付かれずに差し替えるのは非常に困難であろう。

スマートフォンやタブレット型端末であっても同様である。PC を自作する場合には，最初からその PC には Web ブラウザも OS も入っていないが，Windows

の OS をパッケージとして購入し，DVD などの媒体からその OS をインストールするのであれば，この DVD の内容をだれにも気付かれずに差し替えるのは，やはり困難である。

2.8　SSL の仕組み

SSL の仕組みについては理解できたであろうか。以下のアクティブラーニング 2.7 で力試しをしてほしい。

アクティブラーニング 2.7

図 2.8 を補完して図を完成させなさい。

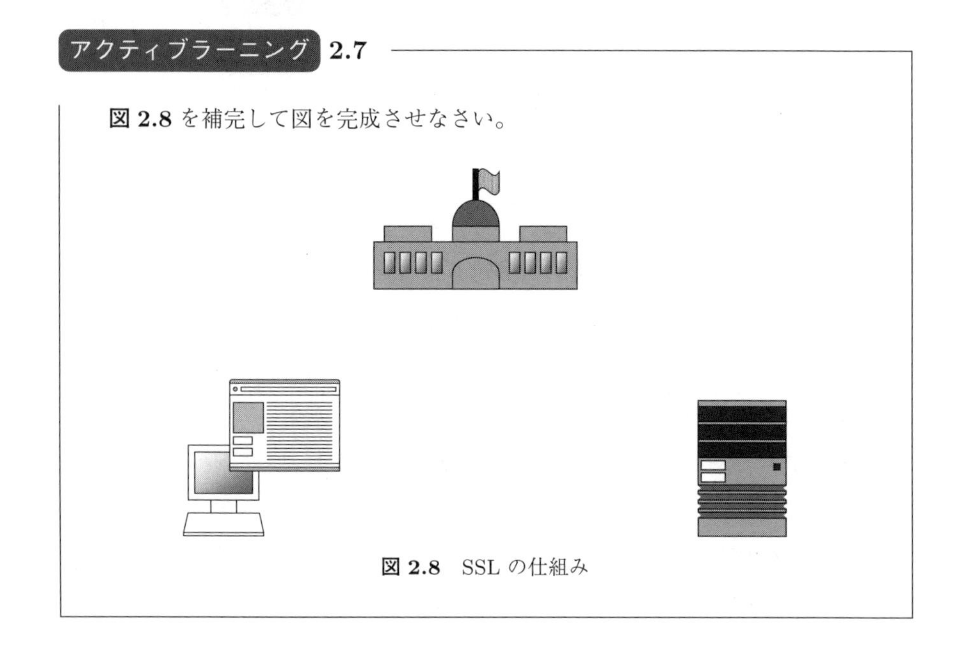

図 2.8　SSL の仕組み

理解が十分でない読者のために，図 2.8 になにを補完すればよいか説明する。まず，2.7 節の公開鍵証明書の話を図に追記してみよう。これで，Web サイトの公開鍵が本物であることが保証された。それでは，本物の公開鍵を使って，2.4 節で述べた鍵交換を行おう。もう公開鍵が攻撃者によって差し替えられたものかどうか心配する必要はない。これで，ユーザと Web サイトの間で共通鍵を共有できたはずである。共通鍵が共有できれば，後はユーザと Web サイトの間で，共通鍵暗号による暗号化通信を行えばよい。もうこれでどちらからどちらへでも安全にデータを送受信できる。

正確にいえば，SSL ではプリマスターシークレットを交換した後でマスターシークレットを作成し，セッション鍵を作成し…とまだ手順が続くが，これらの説明は本書では割愛する。

Web サイトの公開鍵証明書はインターネットに流れているため，これを攻撃者にコピーされた場合，その Web サイトになりすまされてしまうのではないかと考える読者もいるかもしれない。確かに，攻撃者はその Web サイトになりすましてこの公開鍵証明書のコピーをユーザに送信することはできる。しかし，その後ユーザはこの Web サイトの公開鍵を使用して鍵交換を行うのである。このとき，鍵交換のために送られてきた鍵を復号して取り出すには，Web サイトの秘密鍵が必要である。Web サイトの秘密鍵はインターネットを流れていないため，攻撃者はこの秘密鍵を入手できず，ユーザと鍵交換が行えない。

SSL によってなにが安全になったかをもう一度最後にまとめる。一つは多くの書籍に書かれているように，SSL によって暗号化通信が可能になり，第三者に通信経路を流れるデータを盗み見られなくなっていること，もう一つは通信相手が本物であるかどうか確認できることである。SSL によってこの二つが保証されているので，インターネットの世界で安全に通信が行えるのである。

それでは最後に，SSL について本当に理解しているかどうか確認したい。

アクティブラーニング 2.8

図 2.9 の間違いを指摘しなさい。どの部分がなぜ誤っているのか理由を必ず述べ，正しくはどうあるべきか，それぞれの誤りの箇所について指摘しなさい。

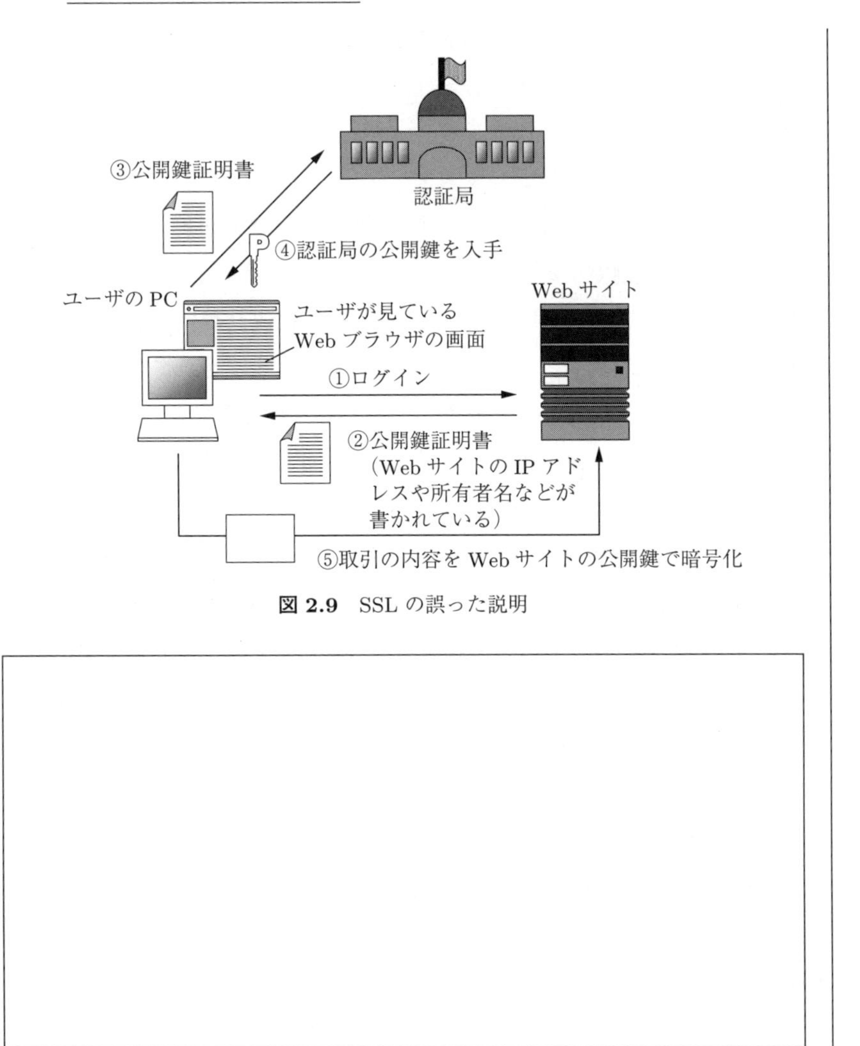

図 2.9　SSL の誤った説明

理解度チェック

- □ 平文, 暗号文, 共通鍵暗号, 公開鍵暗号という言葉とその意味を理解した (2.1 節)。
- □ 共通鍵暗号の概要について理解した (2.2 節)。
- □ 公開鍵暗号の概要について理解した (2.3 節)。
- □ 公開鍵暗号を使用した鍵交換の方法について理解した (2.4 節)。
- □ ハッシュ関数とはどのようなものかについて理解した (2.5 節)。
- □ ディジタル署名の原理について理解した (2.6 節)。
- □ 公開鍵証明書の意義と仕組みについて理解した (2.7 節)。
- □ SSL の仕組みについて理解した (2.8 節)。

3
無　線　LAN

本章では，無線通信を用いてネットワークを構築する無線LANについて説明する。Wi-Fi（ワイファイ）がなんであるのかを知るところから始まり，それぞれの規格が誕生した経緯と優位な点や劣っている点について説明する。最後に，無線LANを利用するうえで重要となるセキュリティについて説明する。

なお，本章では，読者が実際に無線LANのネットワークを構築する役割を担ったときに，電波の特性やセキュリティ上の問題を理解したうえで，適切な選択や設定が行えるように，アクティブラーニングを通して理解することを目指している。

3.1　Wi-Fi

無線LANとWi-Fiが同一のものであると考えている者もいるが，これらは同一ではない。無線LANとは，無線通信を用いてLANを構築する仕組みのことである。通信用のケーブルを用いることなく通信が行えるものはすべて無線通信であるからといって，無線といえば電波を使用しているとは限らない。例えば，赤外線による通信も無線通信であり，赤外線通信はテレビやエアコンのリモコンなどで現在も使用されている。

Wi-Fiは，Wi-Fi Allianceによって認定された国際標準規格を使用している無線LANである。インフラストラクチャ・モードとアドホック・モードがあり，**図3.1**に示すように，インフラストラクチャ・モード（図(a)）では，基地局（アクセスポイントともいう）と呼ばれる機器に，Wi-Fi対応の機器（端末）を接続してネットワークを構築する。この場合，基地局に接続する機器をクライアントとも呼ぶ。一方，アドホック・モードでは，端末どうしで直接通信を行う。

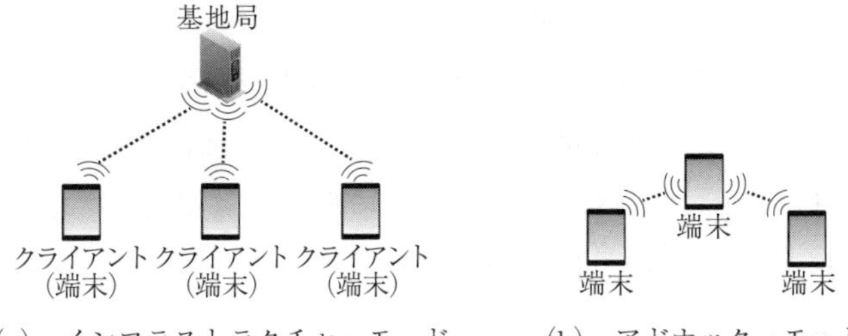

図 3.1 インフラストラクチャ・モードとアドホック・モード

どの周波数帯の電波をどのようにして通信を行うかが Wi-Fi の規格によって決められている。Wi-Fi にはいくつかの規格がある。1999 年に IEEE 802.11a と IEEE 802.11b が策定され，広く普及した。この二つはつぎのような規格であった。

IEEE 802.11a：5.2 GHz 帯，54 Mbps

IEEE 802.11b：2.4 GHz 帯，11 Mbps

まず，これらの用語とその意味について説明する。IEEE というのは，Institute of Electrical and Electronics Engineers の略であり，米国の学会の名称である。IEEE では，さまざまな通信規格の策定を行っている。802.11 は規格の番号である。この 802.11 規格を使用しているものを，Wi-Fi Alliance が Wi-Fi であると認定している。そして，802.11 の直後に付けられた記号によって，Wi-Fi の通信方式が区別されている。

5.2 GHz 帯と 2.4 GHz 帯は，それぞれの規格が使用している電波の周波数帯を示している。「帯」と表記したのは，そのあたりの周波数を使用しているためである。Hz（ヘルツ）は周波数の単位であり，1 000 Hz = 1 kHz, 1 000 kHz = 1 MHz, 1 000 MHz = 1 GHz である。k はキロ，M はメガ，G はギガと読む。k は一般的に小文字で表現するが，M や G は大文字で表現する。M は小文字で表現してしまうと，ミリ（1 000 分の 1）とメガ（100 万倍）の区別が付かなくなってしまうので注意してほしい。

54 Mbps と 11 Mbps は，それぞれの規格の最大通信速度である。bps は bit

per second の略である。日本語にするとビット毎秒となり，1 秒間に転送可能なビット数を表している。ビットは 0 または 1 の値で表現される。例えば，1001 という 4 ビットを 1 秒間で送信したとすると，通信速度は 4 bps となる。54 Mbps や 11 Mbps の M は，メガのことである。54 Mbps であれば，1 秒間に 54 000 000 ビットを送信可能ということになる。

アクティブラーニング 3.1

(1)～(3) の各問に答えなさい。

(1)　電波の 10 GHz がどのようなものか説明しなさい。

(2)　10 GHz と 100 MHz を比較すると，どちらがどれだけ高いか説明しなさい。

(3)　100 Mbps であるとき，1 秒間にどれだけデータを転送できるのか説明しなさい。

3.2　周波数による特性

3.1 節にて Wi-Fi の二つの規格を紹介した。本節では周波数の違いがどのような特性をもたらすのかについて説明する。

低い音と高い音にはどのような違いがあるか考えてみよう。花火の音，大砲の音，楽器のバスドラムの音はどうであろうか。これらの音は遠方より届き，壁があっても遮られにくい。つまり，低い音のほうが障害物を貫通しやすい。電波も音波も特性は同様である。周波数が低いほうが障害物の影響を受けにくいので，遠方まで届きやすいのである。なお，これは非常に簡略化した説明であり，実際にはある周波数は特定のものに対して反射しやすい性質があったりするので，必ずしも電波の周波数が低いほど遠方まで届くわけではない。前節で説明したWi-Fiの規格では，IEEE 802.11aが5.2 GHz帯，IEEE 802.11bが2.4 GHz帯を使用している。二つの規格を比較すると，相対的に障害物の影響を受けにくいのは，2.4 GHz帯を使用しているほうである。

Wi-Fiで使用されている周波数のうち，2.4 GHz帯がすべてにおいて有利かといえばそうではない。2.4 GHz帯には一般的な使用環境においてノイズが乗りやすいのである。例えば，電子レンジの横で5.2 GHz帯と2.4 GHz帯を使ってそれぞれ通信を行うと，電子レンジからの電波がノイズとして2.4 GHz帯の通信により大きく影響を及ぼしやすい。2.4 GHz帯の通信は，われわれの日常生活におけるさまざまな機器からの電波の影響を受けやすいのである。

ここで，読者が誤った表現を使わないよう，誤りやすい点について触れておく。「5.2 GHz帯の電波を使うとおよそ○○ mまで，2.4 GHz帯の場合にはおよそ○○ mまで通信可能である」というような表現は誤っている。使用する周波数帯がどうであろうが，出力を上げればどこまででも電波は届く。Wi-Fiで使用できる電波の強さの上限は，わが国の電波法によって決められている。また「5.2 GHz帯の通信はノイズによる影響を受けにくいが，2.4 GHz帯の通信は受けやすい」という表現も誤りである。5.2 GHzとなる電波をノイズとして出力すれば，当然5.2 GHz帯の通信に影響を与える。“われわれの日常生活において発せられる”電波からの影響というように述べる必要がある。

読者の理解のため，一般的なWi-Fi機器が日常生活においてどの程度の影響を受けるかについて述べておく。障害物による影響についてはおおよそつぎのような点が挙げられる。一般的なWi-Fi基地局を購入し，木造3階建ての1階にこの基地局を設置した場合，3階の部屋に置かれた端末から5.2 GHz帯で通信することは難しいかもしれない。マンションの場合でも，基地局と端末の間に壁が2枚以上あると通信状態が非常に悪くなることもある。一方2.4 GHz帯のWi-Fiでは，5.2 GHz帯のものと比較すると，通信状態はあまり悪くはならない。ノイズによる影響に関してはおおよそつぎのようなことがいえる。電子レンジの真横にWi-Fi基地局を設置した場合，2.4 GHz帯のWi-Fiでは大幅に通信速度が低下するかもしれない。一方5.2 GHz帯のWi-Fiでは2.4 GHz帯ほどの影響はない。なお，上記の情報に関しては，壁や天井の厚みや材質，機器から漏れ出る電波の状況などを厳密に議論してはいないので，Wi-Fi機器を設置する際の参考程度にとどめてほしい。

アクティブラーニング 3.2

つぎの表を完成させなさい。なお，障害物による影響とノイズによる影響とは，日常生活におけるものを指す。

	周波数帯	最大通信速度	障害物による影響	ノイズによる影響
IEEE 802.11a				
IEEE 802.11b				

3.3　Wi-Fiの規格

2003年にIEEE 802.11gという通信規格が追加された。使用周波数帯と最大通信速度はつぎの通りである。

IEEE 802.11g：2.4 GHz，54 Mbps

それまでのIEEE 802.11aとIEEE 802.11bには，障害物による影響とノイズによる影響において，一長一短があった。しかし，違いはそれだけではなく，IEEE 802.11bは最大通信速度が11 Mbpsしか出ないという問題があった。これを解決したのがIEEE 802.11gである。さらに，IEEE 802.11gの機器はIEEE 802.11bの機器と通信が可能である。そのため，IEEE 802.11bの機器を複数所持しているユーザでも，新たに購入したIEEE 802.11gの機器を混在させて使用することが可能であり，IEEE 802.11bの機器を一度にすべてIEEE 802.11gの機器に置き換える必要がなかった。

アクティブラーニング 3.3

IEEE 802.11gは，どの規格のなにが改善されたものか説明しなさい。また，IEEE 802.11gとIEEE 802.11bでは，クライアントと基地局はどのような関係にあるか説明しなさい。

これまで紹介したWi-Fi規格では，5.2 GHz帯と2.4 GHz帯のどちらか一方の周波数帯しか通信に使用できなかった。これらの周波数帯には一長一短があるため，機器を購入する際には周波数特性を考慮する必要があった。そこで，2009年にIEEE 802.11nという規格が追加された。

使用周波数帯と最大通信速度はつぎの通りである。

IEEE 802.11n：2.4 GHz/5.2 GHz，600 Mbps

IEEE 802.11nでは，2.4 GHzと5.2 GHzのどちらの周波数帯も使用できるようにしたことで，周波数帯による一長一短の問題を解決している。2.4 GHz帯がノイズによる影響を受けやすい場合には5.2 GHzで通信可能であるし，5.2 GHz帯が障害物による影響を受けやすい場合には2.4 GHz帯で通信可能である。また，最大通信速度も大幅に向上している。さらにIEEE 802.11nは，IEEE 802.11a，IEEE 802.11b，IEEE 802.11gいずれの機器とも通信できる。

アクティブラーニング 3.4

本章でこれまでに登場した四つのWi-Fi規格について，つぎの表にまとめなさい。これ以外にもIEEE 802.11が付く通信規格はあるが，製品が一般的に販売されて普及したのはこの 4 種類と，後述する最新規格の 1 種類である。

	周波数帯	最大通信速度	障害物による影響	ノイズによる影響
IEEE 802.11a				
IEEE 802.11b				
IEEE 802.11g				
IEEE 802.11n				

2016 年 3 月現在，最新の Wi-Fi 規格は IEEE 802.11ac である。IEEE 802.11ac の最大通信速度は 6.9 Gbps である。なお，IEEE 802.11ac は 5.2 GHz 帯を使用して通信を行う。よって，最新規格の機器だからといって，いままでの機器よりすべてにおいて性能が上であるとはいえない。ただし，IEEE 802.11ac と IEEE 802.11n の二つの規格が使用可能な Wi-Fi 基地局が広まった。この場合は，5.2 GHz 帯と 2.4 GHz 帯の両方が使用可能であるため，周波数帯による一長一短の問題は解決されている。

アクティブラーニング 3.5

それまでの機器を IEEE 802.11ac 規格の機器に買い換える前に，どのようなことを検討したほうがよいか説明しなさい。

3.4 Wi-Fiのセキュリティ

Wi-Fiの利用時にはセキュリティの点から注意すべき点がいくつかある。DNSが偽装される話については1.4節で述べたが，その節の図1.7のように，Wi-Fiの基地局には鍵の掛かったマークがあるものと鍵のマークがないものがある。このマークは，無線による通信経路の暗号化の有無を表している。公衆のWi-Fi基地局を使用する場合には，鍵のマークがないものが一般的である。このような公衆のWi-Fi基地局では，まず利用者に接続させ，利用者がWebブラウザを使ってどこかのWebサイトにアクセスしようとすると，ユーザIDとパスワードなどの本人確認の情報を求めるWebページに転送するようにしている。ここでIDやパスワードなどの個人情報を入力しても，WebサーバとWebブラウザの間で2章で説明したSSLが使われているため，この情報は他人に傍受されない。

鍵のマークがないWi-Fi基地局に接続すると，その無線の通信は暗号化されない。なぜ，公衆のWi-Fi基地局が暗号化通信を使用しないのかというと，Wi-Fiで暗号化通信を行うにはパスワードが必要であり，パスワードがないと基地局までの接続が行えないからである。一方，先述した方法では，利用者は基地局までは接続することができ，基地局からインターネットに接続する際に，SSLを使って安全に本人確認の情報を基地局に送信するのである。ここで，無線による通信経路が暗号化されていない場合，SSLを使わない通信は他人に簡単にのぞき見られるという点に注意してほしい。このような公衆のWi-Fi基地局を使用している間に通信した内容は，近くにいる他人に傍受されている可能性がある。

鍵のマークがあるWi-Fi基地局の暗号化方式にはWEP，WPA，WPA2があり，この順に登場した。WEP（Wired Equivalent Privacy）とは有線接続による通信と同程度のプライバシーが守られるという意味の名前であるが，脆弱性が発見され，通信パケットを傍受されるだけで簡単に内容が解読されてしまうことが判明している。そこで登場したのが WPA（Wi-Fi Protected Access）である。WPA では，WEP で使用していたハードウェアをそのまま使用できるように，TKIP（Temporal Key Integrity Protocol）というプロトコルを採用している。TKIP は WEP と同じく RC4†という暗号アルゴリズムを使用しているが，WPA では CCMP（Counter mode with Cipher block chaining Message authentication code Protocol）と呼ばれるプロトコルを使用することも可能であり，RC4 より強固で暗号化標準である AES（Advanced Encryption Standard）が採用されている。さらに，WPA2（Wi-Fi Protected Access 2）という規格もある。WPA と WPA2 の違いは，CCMP の実装が任意か必須かという点であり，WPA2 でないと AES が使用できないということではない。

WPA ならびに WPA2 には，PSK（Pre-Shared Key）とエンタープライズ（enterprise）という 2 種類のモードがある。PSK は，直訳すると「事前共有鍵」であり，基地局とクライアントで事前に鍵を共有しておくモードである。利用者は，クライアントから基地局に接続する際，パスフレーズを入力する必要があり，同じパスフレーズが基地局に登録されている。一般的な家庭や小規模なオフィスで利用されているのが PSK モードである。一方，エンタープライズモードでは認証サーバを必要とする。大規模な環境ではこちらのほうが適しており，例えば東京工科大学ではエンタープライズモードで Wi-Fi を運用している（2016 年 8 月現在）。

以上の説明を踏まえて，Wi-Fi 機器の設定の際に適切なものを選択してほしい。表記としては，WPA-PSK（TKIP）や WPA2-PSK（AES）などと書かれている。

† RC4 は RSA 社の企業秘密であったが，だれかが匿名で公開してしまったことにより知られてしまった。よって，現在使用されているのは RC4 と同じアルゴリズムのなにかということになる。

アクティブラーニング 3.6

Wi-Fi の設定で WPA-PSK（TKIP）と WPA2-PSK（AES）の両方が使える場合，WPA2-PSK（AES）を選択するのがよい理由を説明しなさい。

Wi-Fi 基地局に接続するには，基地局の名前を指定して識別する。この識別名は SSID（Service Set Identifier）と呼ばれている。Wi-Fi クライアントが，接続したい基地局を表示されている SSID の一覧から選ぶとき，それらの SSID は基地局から通知されている。ステルスという設定を基地局で選ぶことも可能であり，その場合は SSID が基地局から通知されず，クライアントが SSID を指定して接続を行う。SSID をステルス設定にしたほうが安全，もしくはしないほうが安全という議論については，技術的に解説すると冗長となるため本書では割愛する。なお，ステルスにしていても，クライアントが接続する際にはクライアント側から SSID が暗号化されずに送信されるため，第三者に知られてしまう。

Wi-Fi 機器は，1 章で述べた MAC アドレスを使って機器の識別を行っている。ネットワーク機器のハードウェアには MAC アドレスが一意に割り当てられており，工場出荷時に決められている。Wi-Fi においては，MAC アドレスは暗号化されずに送信される。ここにいくつかの問題がある。例えば，スマートフォンで Wi-Fi を使用しているとき，その周辺にそのスマートフォンの MAC アドレスを送信していることになる。MAC アドレスは変更されないため，同じ MAC アドレスが検出されれば同じスマートフォンがその近くにある，言い換えれば，同じ人物がその近くにいるということになる。この原理を，他人の行動を監視するために悪用することは可能である。なお，電波による信号として送信される以上，MAC アドレスは任意のものに変更できてしまう。逆に考えれば，特定の MAC アドレスを示す信号を絶対に電波として送信できないようにすることのほうが無理がある。Wi-Fi 基地局の設定で，特定の MAC アドレスの機器しか接続できないようにすることは可能であるし，一般的な Wi-Fi 基地局にそのような機能が標準搭載されているが，前述の説明より，これはセキュリティ上あまり意味がない。MAC アドレスが暗号化されずに送信されるということは，その基地局に接続可能な MAC アドレスがなんであるか第三者が知ることが可能であるし，知った MAC アドレスと同一の MAC アドレスを故意に名乗って通信を行うことも可能だからである。

アクティブラーニング 3.7

Wi-Fi 基地局において，ステルスの設定にしても第三者に SSID を知られてしまう理由を説明しなさい。

アクティブラーニング 3.8

Wi-Fi 基地局が，特定の MAC アドレスをもつ機器しか接続できないような設定にしても，第三者に不正に接続されてしまう理由を説明しなさい。

理解度チェック

- □ Wi-Fi とはなにか，周波数と通信速度の単位について理解した（3.1 節）。
- □ 周波数による電波の特性について理解した（3.2 節）。
- □ おもな Wi-Fi の規格について理解した（3.3 節）。
- □ WEP，WPA，WPA2 について理解した（3.4 節）。
- □ SSID を隠す仕組みと MAC アドレスにより接続制限をする仕組みについて理解した（3.4 節）。

4 携帯電話と電子メール

本章では，携帯電話の通信方式といくつかの用語について，また電子メールのプロトコルと送受信の仕組みについて説明する。携帯電話の通信方式に関しては，それぞれの方式の技術的な解説ではなく，分類と言葉の意味について説明し，身近で使用されている携帯電話がどのような通信方式であるのか知ってもらうことを目的としている。紹介する用語に関しても，通信技術の専門用語を知るのではなく，携帯電話サービスを利用するうえで日常的に登場する用語を正確に理解できることを目指している。

電子メールに関しては，通信プロトコルとその仕様を紹介するだけではなく，電子メールのサービスを利用する際に，どのようなことに気を付けなければならないのかを，プロトコルの仕様を通して学んでもらえるようにしている。

4.1 携帯電話の通信方式

携帯電話の通信方式は，おもに**図 4.1** のように分けられる。

CDMA（Code Division Multiple Access：符号分割多重接続）とは符号分割を用いて同時に複数の機器が通信できるようにする通信方式である。CDMA

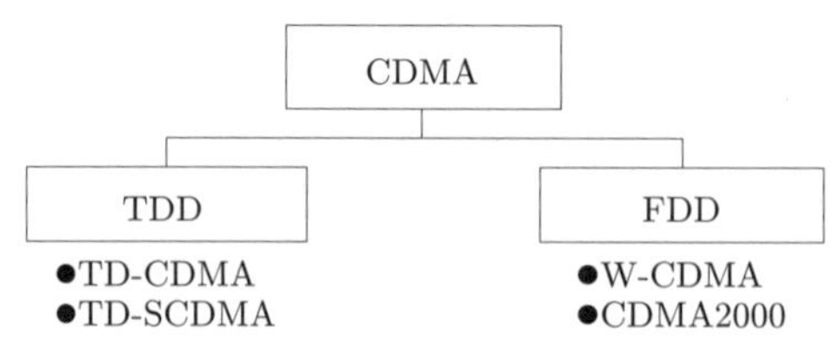

図 4.1 携帯電話の通信方式

は，TDD（Time Division Duplex：時分割複信）と FDD（Frequency Division Duplex：周波数分割複信）に分けられる。

TDD や FDD の最後の D はデュプレックスの頭文字である。デュプレックス通信とは，双方向に送受信が可能な通信のことであり，単方向通信をシンプレックス通信という。なお，1 章でも簡単に触れたが，同時に双方向に通信できるものを全二重通信（full duplex），交互に切り替えながら双方向の通信を行うものを半二重通信（half duplex）という。

図下部の四つの通信方式は，ITU（International Telecommunication Union：国際電気通信連合）の IMT-2000（International Mobile Telecommunication 2000）規格として勧告された通信方式である。IMT-2000 規格に準拠した通信システムのことを第 3 世代移動通信システムという。これは通称 3G（スリージー）と呼ばれている。

日本では，株式会社 NTT ドコモ，ソフトバンク株式会社，ワイモバイル株式会社が W-CDMA 方式を採用しており，KDDI 株式会社と沖縄セルラー電話株式会社が提供する事業のブランド名である au が CDMA2000 を採用している。

わが国で提供されているサービスは，いずれも FDD 方式である。TDD 方式の TD-CDMA や TD-SCDMA はわが国では採用されていないが，W-CDMA や CDMA2000 は北米や中国，韓国などでも使用されており，4.2.3 項で述べるローミングにおいても著しい支障はない。

なお，GSM（Global System for Mobile communications）と呼ばれる通信方式もあるが，これは第 2 世代移動通信システム（2G）の通信方式であり，2016 年現在，日本では使用されていない。

アクティブラーニング 4.1

(1)～(14) の各問に答えなさい。

(1) CDMA とはなにか。

(2) CDMA とはなんの略か。

(3) CDMA で符号分割を行うには，おもにどのようなやり方があるか。

(4) CDMA の時分割を行うものをなんというか。

(5) CDMA の周波数分割を行うものをなんというか。

(6) (4) と (5) において代表的な通信方式をそれぞれ二つ挙げなさい。

- (4) の通信方式

- (5) の通信方式

(7) 日本で W-CDMA を採用している会社はどこか。

(8) 日本で CDMA2000 を採用している会社はどこか。

(9) デュプレックス通信とはなにか。

(10) 単方向通信のことを英語でなんというか。

(11) 全二重通信と半二重通信はなにが違うのか。

(12) ITU とはなにか。

(13) IMT-2000 とはなにか。

(14) 携帯電話で「3G」という表記はなにを意味するか。

4.2 携帯電話に関する用語

4.2.1 プラチナバンド

携帯電話で使用されている周波数帯に，プラチナバンドと呼ばれるものがある。これは，世界的に決められている規格ではなく，日本でそのように呼称しているだけである。具体的には 700～900 MHz 帯を指す。3.2 節にて，低い周波数のほうが障害物の影響を受けにくいことを述べた。それまで利用されていた 1.5 GHz 帯の通信と比較して，プラチナバンドを使用した通信は遠距離でも途切れにくいため，このように呼ばれている。

4.2.2 SIM ロック

SIM（Subscriber Identity Module）という装置が携帯電話に装着されている。これは，加入者（subscriber）を特定する（identify）ための装置（module）で，これを携帯電話に装着することで，その携帯電話を使用している人物を特定できる。移動体通信事業者（携帯電話の通話・通信サービスを提供する業者）が販売する携帯電話端末には，その事業者のSIMしか利用できないようにする機能が組み込まれている場合がある。この機能やその状態をSIMロックという。これは日本以外の国でも行われている場合があり，同様の名前で呼ばれている。なお，日本で発売されている携帯電話がSIMロックになっている場合，正規の手続きでSIMロックの解除が行える場合がある。SIMロック状態になっていないことやその携帯電話端末をSIMフリーという。

4.2.3　ローミング

携帯電話におけるローミング（roaming）とは，ある移動体通信事業者と契約しているSIMを装着した携帯電話端末を，提携先とは別の事業者のサービスを利用して使用することである。これにより，海外など，契約している事業者のサービスエリア外でもその携帯電話端末を利用できる。ただし，ローミング時の料金体系と通常の利用時の料金体系が異なる場合があり，ローミングを利用して通話や通信を行っていると，非常に高額な利用料を請求される場合がある。

4.2.4　プリペイドSIM

プリペイド（prepaid）SIMとは，事前に利用料を支払う料金体系のSIMのことである。通話可能時間や通信可能データ容量，利用期間などが決められており，料金を前払いしてサービスを利用する。例えば，海外でローミングを使用すると利用料金が非常に高額になってしまう可能性があるが，SIMフリー端末にプリペイドSIMを装着して利用すれば，安価に固定料金でサービスが利用できる。

4.2.5　NFC

NFC（Near Field Communication）とは，近距離で非接触通信を行うための通信技術である。狭義では，国際規格ISO/IEC 18092のことを指す。日本で販売されている携帯電話端末には，FeliCaと呼ばれるチップが搭載されているものがあり，携帯電話端末を機器にかざすだけで，電子マネーによる支払いが行えたりする。FeliCa の通信技術である NFC-F は，NFC デバイスが利用できる通信方式の一つである。ただし，NFC デバイスを搭載しているすべての携帯電話端末で，FeliCa による電子マネーのサービスが利用できる訳ではない。NFC-F はあくまで通信技術であり，通信したデータの処理や管理に関しては通信方式の範囲外だからである。

4.2.6　WiMAX

WiMAX（Worldwide Interoperability for Microwave Access）とは，国際規格 IEEE 802.16-2004 のことであり，中長距離で利用される無線通信技術の規格の一つである。高速移動体通信用のモバイル WiMAX（IEEE 802.16e-2005）では，120 km/h の移動速度でもハンドオーバー（通信する基地局を切り替えること）が可能である。なお，モバイル WiMAX は第 3.9 世代移動通信システムと呼ばれており，第 4 世代移動通信システムの WiMAX2 もある。日本では，UQ コミュニケーションズが UQ WiMAX というサービスを提供している。

4.2.7　LTE

LTE（Long Term Evolution）は，それまでの第 3 世代移動通信システムを改良し，通信速度を向上させた技術である。当初，3.9 G と呼ばれていたが，4 G と呼称してもよいことになり，一般の利用者にとって紛らわしいので，日本では LTE という呼称で落ち着いた。

アクティブラーニング 4.2

携帯電話に関するつぎの用語を簡単に説明しなさい。

- プラチナバンド

- SIM ロック

- ローミング

- プリペイド SIM

- NFC

- WiMAX

- LTE

4.3 電子メール

本節では電子メールのプロトコル（通信規約）について説明する。以下の説明を読みながら，アクティブラーニング 4.3 に取り組んでほしい。

アクティブラーニング 4.3

図 4.2 のどれがなにを表しているのかを図中に追記しなさい。さらに，どの通信経路で SMTP と POP が使用されるのかについても追記しなさい。

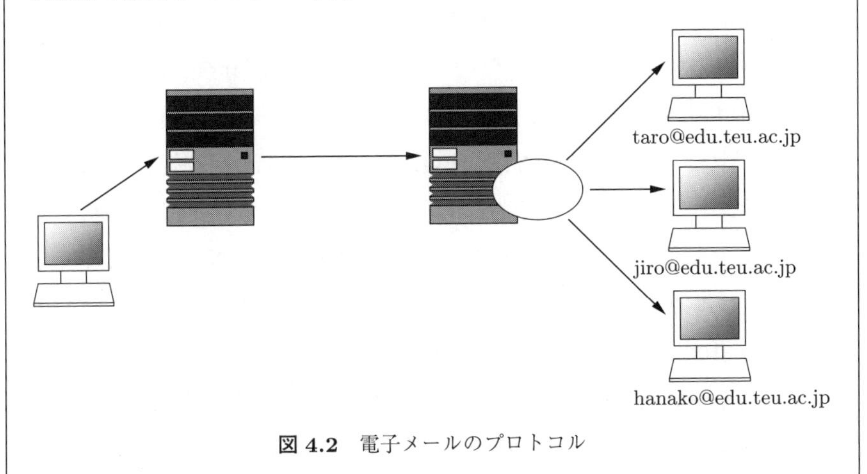

図 4.2　電子メールのプロトコル

図の左端にあるのが電子メール（以下，メール）送信者の PC，右端の 3 台がメール受信者の PC である。メール送信者は自分の PC 上でメールソフトウェアを起動してメールを送信する。メールソフトウェアでは，送信者が使用するメールサーバを指定しており，それが左側の四角形である。まず，メールソフトウェアから送信者が使用するメールサーバにメールが送られる。このとき，一般的には **SMTP** (Simple Mail Transfer Protocol) というプロトコルが使用される。メールは，いくつかのメールサーバを経由し（一つも経由しないこともある），受信者のメールサーバに送られる。これが右側の四角形である。この際にも SMTP が使用される。受信者のメールサーバに送られたメールは，メールスプールに保存される。これが右側の四角形上に描かれた楕円である。受信者は各自の PC 上で動作するメールソフトウェアを使用して，メールスプールから自分宛のメールを取り出す。このとき，一般的には **POP** (Post Office Protocol) というプロトコルが使用される。POP3 と書かれている場合があるが，POP のバージョン 3 という意味である。

メールの送信に使用されるものがSMTP，受信に使用されるものがPOPだと思っている者がいるが，それは誤りである。そもそもなにかを送信するということは，同時にそれを受信する相手がいるわけであり，両者の間でメールの送受信に使用されるプロトコルがSMTPである。POPはメールスプールからメールを取り出す際に使用するプロトコルであり，受信用ではない。

POPを使用してメールを取り出す際に，自分宛のメールのみ取り出すためにユーザIDとパスワードを確認する。POPではなにも暗号化が行われておらず，通信経路を流れるパケットを傍受できる者であれば，パスワードも取得することができてしまう。例えば，暗号化されていない無線LANを使用している場合には，これは非常に簡単である。そこで，パスワードのみ暗号化するAPOP（Authenticated Post Office Protocol）があるが，SMTPもPOPもなにも暗号化を行っていないということに注意してほしい。通信経路を流れるパケットを傍受できる者にとって，メールの内容は秘密ではない。APOPを使用していても，暗号化されているのはパスワードのみであり，メールの内容が暗号化されるわけではない。

4.4　通信経路を暗号化する電子メール技術

4.3節で説明したAPOPのセキュリティには欠陥も見つかっており，あまり安全とはいえない。そもそもAPOPを使用してもメールの内容は暗号化されないことは先にも述べた。

この問題を解決する，SMTPS, POPSという技術がある。どちらも，最後のSはSSLを指しており，それぞれ，SMTP over SSL，POP over SSLという意味である。SSLについては2章で説明した。正確には，SMTP over TLSのように呼称すべきと思われるが，SSLの名称が定着しているため，SMTPSやPOPSという名称になっている。

SMTPSもPOPSも，TLSを使用して通信経路を暗号化している。つまり，SMTPやPOPのプロトコルをいままで通り使用するが，その通信経路自体が

TLSで暗号化されており，パケットを傍受されてもメール本文を読むことはできないのである。

図4.2に，SMTPSとPOPSを使用している場合について書き足してみよう。4.3節でSMTPであった部分がSMTPSになり，POPであった部分がPOPSになる。ここで，自分のメールソフトウェアでSMTPSとPOPSを使用している場合にも，暗号化について過信しないでほしい。自分と相手のメールソフトウェアがSMTPSとPOPSを使用しているからといって，図の左側の四角形から右側の四角形の間の通信経路のSMTPが，SMTPSである保証はどこにもない。通常，この間には複数のメールサーバがあり，それらを経由してメールが送られる。このうち一つでもSMTPSを使用しないメールサーバがあれば，そのサーバの前後でメールは暗号化されずに送られているのである。

4.5 暗号化と署名が行える電子メール技術

作成した電子メールそのものを送信前に暗号化する技術がある。詳細な説明は割愛するが，S/MIME（Secure/Multipurpose Internet Mail Extensions）やPGP（Pretty Good Privacy）という技術がある。これらは，2章で説明した公開鍵暗号の技術を使用しており，暗号化のみならずディジタル署名も行える。よって，S/MIMEやPGPを使用すれば，プロトコルがSMTPでもPOPでも関係なく，受信者本人しかメールを読むことはできない。

これほどすばらしい技術であれば，世界中の人間がこれらを使用していて当然であるが，S/MIMEやPGPがあまり普及していないように感じる読者もいるであろう。これにはさまざまな理由があるが，簡単な理由を説明しておく。S/MIMEを利用する場合，2章で説明した認証局が必要となり，一般の利用者に認証局とのやりとりを強いている時点で普及はしづらい。一方，PGPは認証局がなくとも利用は可能である。しかし，逆にいえば，相手の公開鍵が本物であることを利用者がつねに確認していなければならなくなる。2.7節の説明を理解した読者であればわかると思うが，認証局なしに多数の公開鍵を安全に管理し続けるのは非常に困難であるといえる。

アクティブラーニング 4.4

図 4.2 と同じ図を**図 4.3** に用意した。以下 (1), (2) の問について,「メール本文」「パスワード」「通信経路」「暗号化されない」という語の中から，それぞれ適切なものを選んで答えなさい。

(1) 各プロトコル（SMTP, POP, APOP, SMTPS, POPS）が，それぞれ図中のどの矢印の通信に使われるのか，図中に書き足して説明しなさい。

(2) S/MIME ならびに PGP という技術が，それぞれメールの送受信時にどのように使われるか，図中に書き足して説明しなさい。

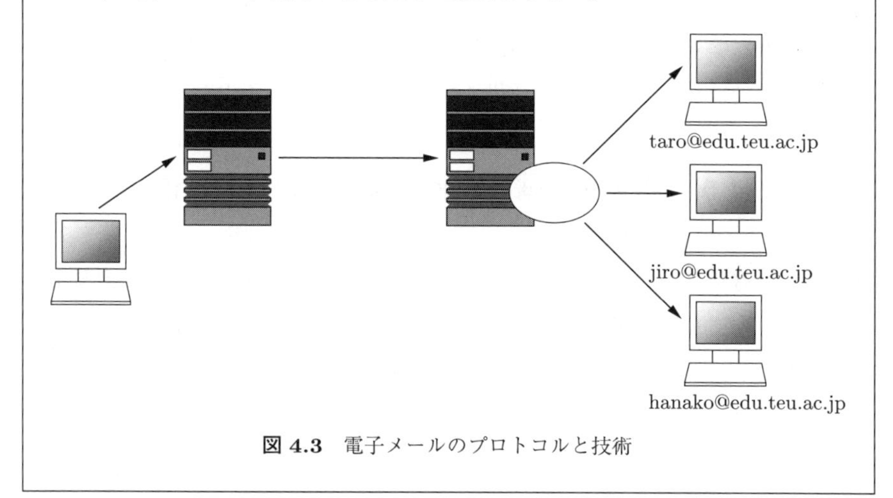

図 4.3 電子メールのプロトコルと技術

4.6 Web メール

Web 環境で提供されるメールのサービスにログインし，Web ページでメールを作成して送信したり，メールを受信して読むこともできる。これは一般的に Web メールと呼ばれている。

Web メールの場合，図 4.2 や図 4.3 で示した PC が，Web サーバに置き換わると思ってもらえればよい。以下，本文を読みながらアクティブラーニング

4.5 に挑戦してみてほしい。

アクティブラーニング 4.5

Web メールを使用する場合は，**図 4.4** 中のどれがなにを表していて，どの通信経路でどのプロトコルが使用されるのか，図に追記して説明しなさい。

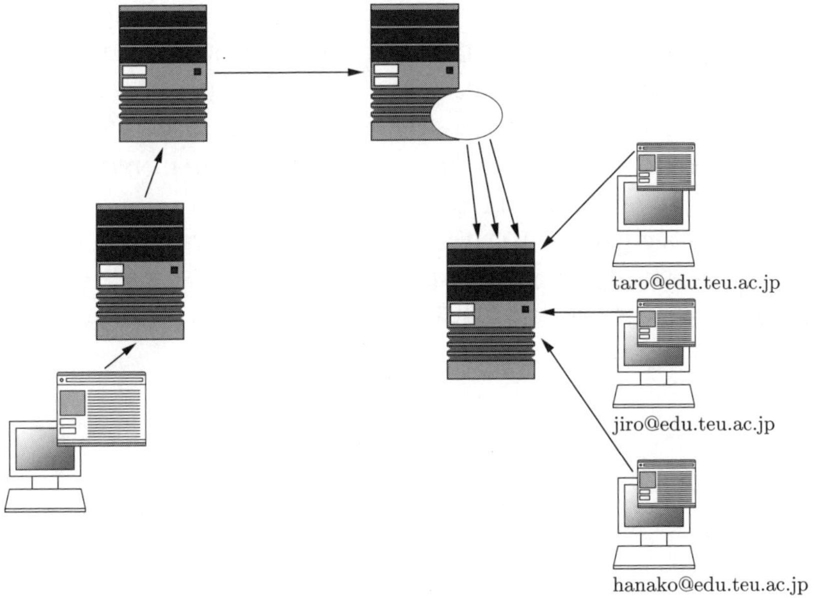

図 4.4 Web メールの仕組み

図 4.2 や図 4.3 では PC にインストールされていたメールソフトウェアが，図 4.4 では Web サーバにシステムの一部として組み込まれる。利用者は，PC 上の Web ブラウザを使用して Web サーバにアクセスし，Web サーバ上でメールを扱う。このとき，SMTP を使ってメールを送信したり，POP を使ってメールを受信しているのは，Web ブラウザではなく，Web サーバ上のソフトウェアである。もちろん，それが SMTPS や POPS であっても同様である。

利用者の Web ブラウザと Web サーバの間では，HTTPS という技術を用いて通信が行われる。これは HTTP over SSL の略であり，2 章で説明した技術である。もちろん，利用者の Web ブラウザと Web サーバの間で HTTP を用いてもよいが，Web サーバにアクセスする際のパスワードも含め，すべての情報が暗号化されずに送受信されてしまうため，通常は HTTPS が用いられている。

理解度チェック

- □ 携帯電話の通信方式である CDMA には TDD と FDD があり，W-CDMA と CDMA2000 が日本で使用されていることを理解した（4.1 節）。
- □ デュプレックスの意味や全二重通信と半二重通信の違いを理解した（4.1 節）。
- □ プラチナバンド，SIM ロック，ローミング，プリペイド SIM，NFC，WiMAX，LTE について理解した（4.2 節）。
- □ 電子メールの仕組みと SMTP，POP，APOP について理解した（4.3 節）。
- □ 電子メールの通信経路を暗号化する SMTPS, POPS について理解した（4.4 節）。
- □ 電子メールに暗号化や署名を施す S/MIME と PGP の仕組みについて理解した（4.5 節）。

本章では，インターネットにおいてコンピュータと人間の橋渡しをする**DNS**（Domain Name System）の仕組みについて説明する。まず，インターネットにおいて機器がどこにあるかを示すIPアドレスについて原理を復習し，IPアドレスがあればコンピュータにとって不都合はないのに，なぜDNSが必要なのかを説明する。さらに，ホスト名はどのような規則で名付けられているのか，キャッシュや有効期限が存在することでどのような問題が解決されるのかについても説明する。

本章では，単純に技術を紹介するのではなく，それぞれの技術の意義である「なぜ」そうであるのかについて解説を行う。

5.1　DNSの仕組み

インターネットでは，**インターネットプロトコル**（Internet Protocol: **IP**）という通信の規約に従って，コンピュータ機器どうしが通信を行っている。IPは，国によってはバージョン6（IP version 6：IPv6）が使用されているが，2016年現在，日本国内では一般的にバージョン4（IPv4）が使用されている。

IPを使って通信するために，インターネットに接続する機器にはIPアドレスという番号が割り振られている。IPv4の場合，IPアドレスは32ビットの値であることを1.1節にて学んだ。また，「11000000101010000000101000000001」のような表現では人間が読み誤りやすいため，このIPアドレスを「192.168.10.1」と表現することも学んだ。ところで東京工科大学のWebサーバのIPアドレスは「183.182.47.91」である。このIPアドレスを覚えていれば，東京工科大学のWebサイトにアクセスできる。いま，このIPアドレスを知り，本書を閉じて数日経った後，このIPアドレスをあなたは正確に覚えていられるだろうか。もちろん，日本にはほかにも大学がある。企業もあれば政府機関もある。これらのWebサーバのIPアドレスも同様に示された場合，一般の人間がこれらをすべて覚えておくことは不可能に近い。

そこでDNSという仕組みがある。東京工科大学のWebサーバにアクセスするには，www.teu.ac.jpという名前を覚えておけばよい。人間が利用するwww.teu.ac.jpという名前(ホスト名)と，コンピュータが使用する183.182.47.91という番号（IPアドレス）を対応付けるのがDNSである。

ホスト名は，記号をピリオド(.)で区切って表される。この記号には意味があるので後述する。ピリオドで区切られた記号の一番右側のものをTLD（Top-Level Domain）という。www.teu.ac.jpの例でいえばjpの部分である。wwwの部分ではないので注意してほしい。右から2番目がSLD（Second-Level Domain）といい，www.teu.ac.jpの例でいえばacの部分である。このように，ホスト名の表記では右側が上位の位置になる。

TLDにはいくつか種類がある。一般的によく利用される二つを紹介する。一つはgTLD（generic Top-Level Domain）と呼ばれるものであり，最初のgTLDはRFC 920として1984年に定義されている。最初はcom，edu，gov，mil，orgのみであった。例えば，gTLDのcomが企業を表しているのは有名であろう。microsoft.comであればマイクロソフトという企業であるとわかる。

もう一つは，ccTLD（country code Top-Level Domain）と呼ばれるものでもある。最初のccTLDはus，uk，ilの三つで1985年に登録されている。これは国を表すものである。日本の記号はjpと決められており，1986年に登録された。TLDにjpと書かれているホスト名を見れば，それは日本のなにかであることがわかる。なお，ccTLDの国名は，基本的にはISO 3166-1 alpha-2で規定されているラテン文字2文字による国名コードであるが，例外もある。例えば，イギリスはISO 3166-1 alpha-2ではGB（Great Britain）であるが，ccTLD名はUK（United Kingdom）となっている。

それでは，www.teu.ac.jpの話に戻ろう。SLDはacとなっている。これは，日本では大学や高等専門学校などの高等教育機関，学術研究機関であることを表している。中学校や高等学校の場合は，SDL が ac ではなく ed になる。

つぎの teu であるが，これは東京工科大学（Tokyo University of Technology）を表している。これで説明を終わりにしてしまうと読者に理解されないので少し補足すると，「Tokyo Engineering University」と書かれたスクールバスをかなり前に東京工科大学内で見かけたことがある。ただし，大学側から公式な説明は一度もないため，なぜ東京工科大学が teu なのかは公式には不明である。

最後の www は，WWW（world wide web）サーバであることを示している。Web サイトにアクセスしようと思えば，一般的にはその組織の WWW サーバに接続すればよい。東京工科大学の Web サイトにアクセスするのであれば，日本（jp）にある高等教育機関（ac）の東京工科大学（teu）の WWW サーバ（www）に接続すればよい。このような仕組みであるため，人は www.teu.ac.jp という名前を簡単に覚えられる。もちろん，ほかの大学の場合でも同様の規則であるので簡単である。例えば，慶應義塾大学の Web サイトであれば www.keio.ac.jp であるし，明治大学のものであれば www.meiji.ac.jp である。

いままで，故意に「ホスト名」という言葉を使用してきた。WWW サーバのようなものをホストと呼ぶので，www.teu.ac.jp のように WWW サーバを示す名前はホスト名である。それでは，DNS の「D」である，ドメインとはなんであろうか。ドメインとは領域を表している。例えば，東京工科大学には WWW サーバ以外にもさまざまな機器がある。これらにも xxx.teu.ac.jp のようなホスト名を付けることができる。このとき，teu.ac.jp の部分，これが東京工科大学のドメインである。teu.ac.jp が付く機器は，東京工科大学のドメイン（領域）にあるということである。同様に，ac.jp や jp もドメインである。

アクティブラーニング 5.1

www.teu.ac.jp の www，teu，ac，jp がどのようなもので，それぞれなにを意味しているか説明しなさい。

- www

- teu

- ac

- jp

5.2　正引きと逆引き

前節では，PC が IP アドレスを使用するのに対し，人間はより覚えやすいドメイン名やホスト名を使用していることを述べた。本節では，これらがどのような仕組みで対応付けられているかについて学ぶ。

PC などのコンピュータ機器をインターネットに接続するときに，その PC には IP アドレスが割り当てられることは 1.1 節で述べた通りである。そのとき，手動で設定を行うと「DNS サーバ」という設定項目もある。1.3 節で説明したように，自動で設定を行うことも可能であるが，その場合でも自動的にこの DNS サーバの項目も設定される。ここで設定される DNS サーバが，先述の IP アドレスとドメイン名やホスト名との変換を行ってくれるのである。なお，この DNS サーバには特に呼び名はなく，その機器が設定している DNS サーバである。

この「機器が設定しているDNSサーバ」は，IPアドレスとドメイン名やホスト名とのすべての組み合わせを知っているわけではない。以下，その仕組みについて説明を読みながら，アクティブラーニング5.2を解き，理解を深めてほしい。

アクティブラーニング 5.2

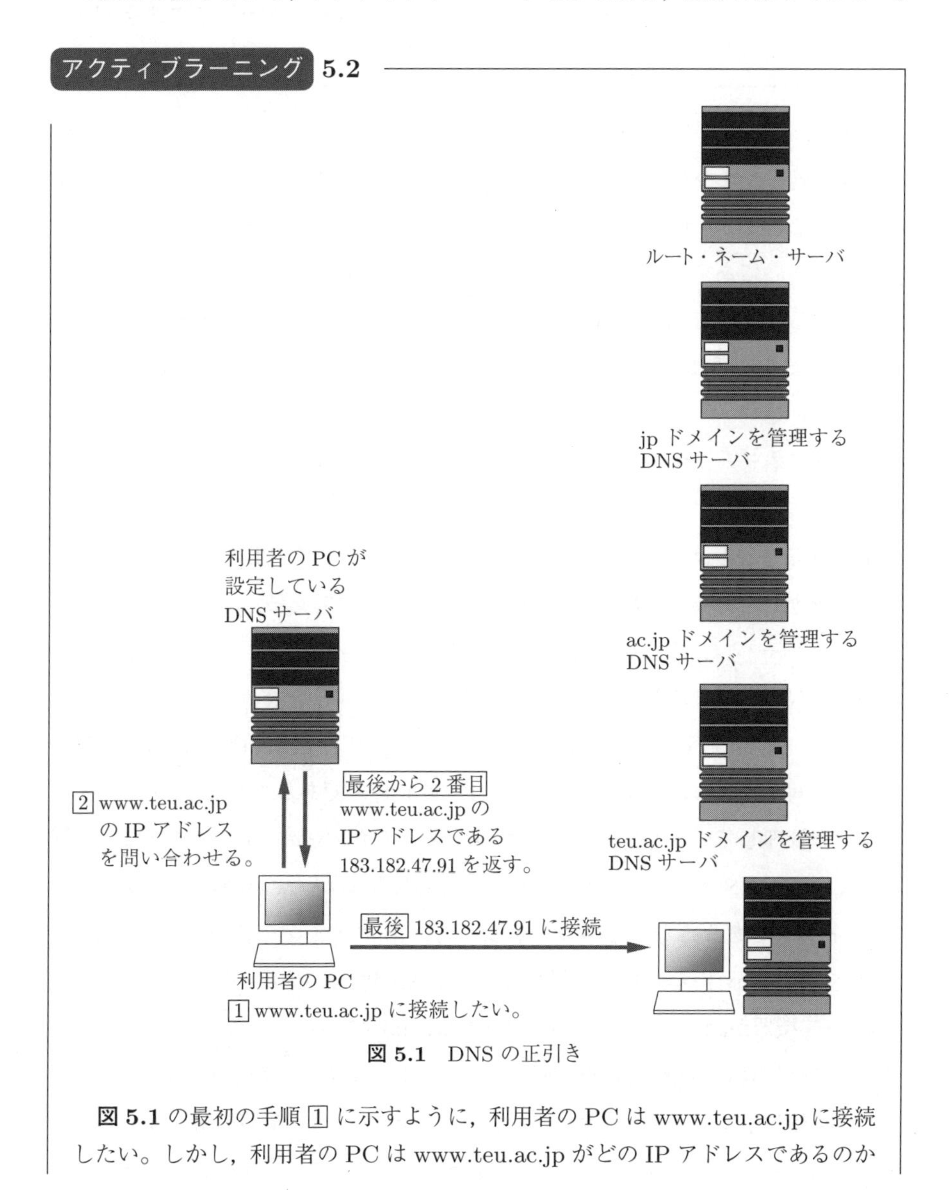

図 5.1 DNSの正引き

図 5.1 の最初の手順 1 に示すように，利用者のPCはwww.teu.ac.jpに接続したい。しかし，利用者のPCはwww.teu.ac.jpがどのIPアドレスであるのか

知らないので，その機器が設定している DNS サーバに手順 [2] のように問い合わせる。最終的には，この DNS サーバが 183.182.47.91 という IP アドレスを利用者のコンピュータに返し，利用者のコンピュータは 183.182.47.91 に接続できるのであるが，この IP アドレスをどのようにして知ったのか，その部分を図に書き足し，図を完成させなさい。

まず第一に，その機器が設定している DNS サーバは，ルート・ネーム・サーバと呼ばれるサーバに接続し，www.teu.ac.jp がどの IP アドレスであるのかを尋ねる。この DNS サーバには，ルート・ネーム・サーバの IP アドレスは登録されているのである。ルート・ネーム・サーバは DNS の仕組みの根（ルート）に位置するサーバである。特定のドメインではなく，“すべて” を統括しているのでこのように呼ばれる。なお，ネーム・サーバと DNS サーバは同じものを意味している。

ルート・ネーム・サーバは “すべて” を統括しているので，どのホスト名でも IP アドレスに変換できそうに感じるが，そうではない。ルート・ネーム・サーバが知っているのは，jp ドメインや com ドメインなどの TLD に位置するドメインを管理している DNS サーバの IP アドレスだけである。よって，ルート・ネーム・サーバは，機器が設定している DNS サーバに，jp ドメインを管理している DNS サーバの IP アドレスを返す。

第二に，機器が設定している DNS サーバは，jp ドメインを管理している DNS サーバに対して www.teu.ac.jp がどの IP アドレスであるのかを尋ねる。jp ドメインを管理している DNS サーバは，ac.jp ドメインや co.jp ドメインなどを管理している DNS サーバの IP アドレスは知っているが，www.teu.ac.jp がどの IP アドレスであるのかは知らない。よって，jp ドメインを管理している DNS サーバは，ac.jp ドメインを管理している DNS サーバの IP アドレスを返す。

第三に，機器が設定している DNS サーバは，ac.jp ドメインを管理している DNS サーバに対して www.teu.ac.jp がどの IP アドレスであるのかを尋ねる。ac.jp ドメインを管理している DNS サーバは，teu.ac.jp ドメインや keio.ac.jp ドメインなどを管理している DNS サーバの IP アドレスは知っているが，www.teu.ac.jp

がどのIPアドレスであるのかは知らない。よって，jpドメインを管理しているDNSサーバは，teu.ac.jpドメインを管理しているDNSサーバのIPアドレスを返す。

最後に，機器が設定しているDNSサーバは，teu.ac.jpドメインを管理しているDNSサーバに対してwww.teu.ac.jpがどのIPアドレスであるのかを尋ねる。teu.ac.jpドメインを管理しているDNSサーバは，自分のドメイン内にあるwww.teu.ac.jpが183.182.47.91であることを知っている。よって，jpドメインを管理しているDNSサーバは，183.182.47.91を返す。

図は完成したであろうか。機器が設定しているDNSサーバは，ほかのDNSサーバに対して何度も問い合わせを行っている。このような問い合わせを，リカーシブ（recursive：再帰）な問い合わせ（再帰検索）という。再帰検索によって，完全にDNSの問い合わせが解決できるリゾルバ（解決するもの）を，**フルサービス・リゾルバ**（full-service resolver）という。

図の手順のように，ホスト名やドメイン名からIPアドレスを調べることを**正引き**（forward lookup）といい，IPアドレスからホスト名やドメイン名を調べることを**逆引き**（reverse lookup）という。どちらが正引きでどちらが逆引きか忘れてしまわないように説明するが，通常，人間が必要とするのは，図の手順のように名前からIPアドレスを調べるほうである。つまりこちらが正引きであり，通常行わないほうが逆引きである。

5.3 キャッシュと有効期限

前節では，DNSの仕組みを利用して，どのようにホスト名やドメイン名からIPアドレスを調べるのかについて述べた。この仕組みを利用すれば，利用者はwww.teu.ac.jpのような名前を覚えておくだけで，対応するIPアドレスに接続できる。

さて，ここでつぎのような場合を想定してみよう。東京工科大学のある教室に300人の学生が集まり授業を受けている。先生が「Googleの検索サーバである www.google.co.jp に接続して検索をしてみよう」という。前節で説明した仕組みで 300 人の学生が一つの教室から www.google.co.jp の IP アドレスを調べると，ルート・ネーム・サーバの管理者はつぎのように感じるだろう。“東京工科大学から大量の接続が来た。アタックだ！”

もちろんそうはならない。機器が設定している DNS サーバのような，多くのフルサービス・リゾルバはキャッシュ・サーバでもある。キャッシュ・サーバは，一度知ったホスト名やドメイン名と IP アドレスの組み合わせを，記憶領域に保持（キャッシュするという）しているのである。キャッシュされた組み合わせが再度尋ねられた場合，ルート・ネーム・サーバや jp ドメインを管理する DNS サーバに接続することはせず，キャッシュされた情報を返す。つまり，300 人の学生が一つの教室から www.google.co.jp の IP アドレスを調べても，ルート・ネーム・サーバへの問い合わせは 1 件だけで済む。

この話を念頭に置いて，つぎのような場合を想定してみよう。東京工科大学が WWW サーバを新しくしようと思い，それに伴い IP アドレスも 183.182.47.91 から 163.215.3.82 に変更しようとする。teu.ac.jp ドメインを管理する DNS サーバは東京工科大学が管理しているので，この DNS サーバが管理している www.teu.ac.jp に対応する IP アドレスを 183.182.47.91 から 163.215.3.82 に変更する。図 5.1 の手順に従うのであれば，これで世界中のどこからでも，www.teu.ac.jp に接続しようとする機器は 163.215.3.82 に接続するので問題はない。しかし，先ほどの説明では，多くのフルサービス・リゾルバはキャッシュ・サーバでもあるとされている。どこかの機器が設定している DNS サーバが，キャッシュから 183.182.47.91 を返してしまうと，www.teu.ac.jp の IP アドレスが 163.215.3.82 に更新されたことは伝わらなくなってしまう。

しかし心配には及ばない。キャッシュされる DNS の情報には有効期限が設けられているのである。例えば，その情報が 3 日間有効だとすると，3 日後にはキャッシュされた情報は無効になり，機器が設定している DNS サーバは図 5.1 の手順で問い合わせを行う。このとき，teu.ac.jp ドメインを管理している DNS サーバから，163.215.3.82 という IP アドレスを得るので，その後はこの IP アドレスをキャッシュする。東京工科大学が，www.teu.ac.jp の DNS の情報の有効期限を 3 日に定めていたとすると，IP アドレス変更から 3 日後には旧 WWW サーバに接続してくる機器は世界中からなくなるということである。つまり，新 WWW サーバを稼働させてから，3 日間は旧 WWW サーバを残しておけば，世界のどこからも東京工科大学の WWW サーバがなくなったと思われることなく，WWW サーバの移行が完了できる。

アクティブラーニング 5.3

世界中の人がインターネットに接続して DNS を利用しているのに，なぜルート・ネーム・サーバに接続が集中しても問題とならないのか理由を説明しなさい。

アクティブラーニング 5.4

DNS にはキャッシュという仕組みがあるにもかかわらず，どうして問題なく WWW サーバの IP アドレスをほかのものに変更できるのか理由を説明しなさい。

5.4 ダイナミック DNS

ダイナミックドメインネームシステム（dynamic Domain Name System，以下ダイナミック DNS）とは，動的に割り当てられる IP アドレスと，対応するホスト名との組み合わせを，動的に管理する仕組みである。

まず，IP アドレスが動的に割り当てられることについて説明する。100 個の IP アドレスを管理している組織があるとする。この組織には 200 人の利用者がいる。この 200 人は全員が同時にインターネットに接続するわけではないが，入れ替わりで同時に 100 人までインターネットに接続することがある。この場合，この組織は 200 人の利用者にどのように IP アドレスを割り当てればよいであろうか。

IP アドレスは 100 個しかないので，固定の IP アドレスを 200 人には割り振れない。同じ IP アドレスを 2 人に割り振ってしまうと，この 2 人が同時にインターネットに接続したいときに IP アドレスが重複してしまう。一番簡単な方法は，そのときにだれも使っていない IP アドレスを，新たに来た利用者に割り振るというものである。その利用者がインターネットへの接続を解除するときには，使用していた IP アドレスを返してもらう。こうすれば，どの利用者が 100 人来ても，100 人までであれば同時にインターネットに接続できる。これが，「動的に IP アドレスを割り当てる」ということであり，こうすれば組織が必要とする IP アドレスの数が減り，コストが抑えられるのである。読者の中には，安価な契約でインターネット・サービス・プロバイダ（ISP）と自宅で契約している者もいるであろう。このような ISP では，IP アドレスを動的に割り当てているところが多い。

WWW サーバのようにインターネットに接続して使用するサーバを，自宅に設置することに興味をもっている者もいるかもしれない。もちろん，1.1 節で述べたグローバル IP アドレスが割り当てられていれば，IP アドレスを指定して自宅に設置したサーバに世界中から接続することは可能である。しかし，ISP によっては IP アドレスが動的に割り当てられてしまって IP アドレスが頻繁に変わってしまうので，変わらないホスト名やドメイン名を利用して自宅のサーバに接続したいと思うであろう。これを実現するのがダイナミック DNS の仕組みである。

ダイナミック DNS を使用すれば，自宅のサーバを再起動したり，自宅のサーバのネットワークケーブルを再接続したりして IP アドレスが変わってしまっても，新しい IP アドレスが自動的に DNS サーバに登録される。これで世界中のどこからでもホスト名やドメイン名を利用して，自宅のサーバにアクセスできる。

ここで，5.3 節のキャッシュの仕組みを思い出してほしい。もし，DNS の情報の有効期限が 3 日間であれば，自宅のサーバが再起動して IP アドレスが変更された後，最悪 3 日間は世界のどこかからは自宅のサーバに接続できないことなる。このような問題を防ぐため，ダイナミック DNS を利用して自宅にサーバを設置するのであれば，DNS の情報の有効期限を 1 時間などの短い時間に設定すればよい。こうすれば，最悪 1 時間待てば，キャッシュされた情報は無効になり，新しい IP アドレスにアクセスできる。

なぜ，一般的な WWW サーバでは，DNS の情報の有効期限を 1 時間にしないのであろうか。1 時間でキャッシュされた情報の有効期限が切れてしまうと，1 日 100 万人がアクセスするような人気の Web サイトでは，その WWW サーバの IP アドレスを知るためにルート・ネーム・サーバへの問い合わせが殺到してしまうからである。それでは，ダイナミック DNS を利用して自宅に設置したサーバでも，1 日 100 万人が接続するのであればキャッシュの有効期限を延ばすべきであろうか。本当にそれだけ人気のサーバなのであれば，ダイナミック DNS の利用をやめて，固定の IP アドレスを契約するほうがよいであろう。

アクティブラーニング 5.5

再起動するたびに，割り当てられる IP アドレスが変わってしまう機器でも，世界中から同じ名前を指定して接続できるようにする仕組みについて説明しなさい。

理解度チェック

- □ IP アドレスがどのように記述されているか理解した（5.1 節）。
- □ ホスト名がどのように記述されているのか理解した（5.1 節）。
- □ DNS の正引きの手順について理解した（5.2 節）。
- □ DNS のキャッシュの仕組みと有効期限について理解した（5.3 節）。
- □ ダイナミック DNS とその利用について理解した（5.4 節）。

6 IP アドレス

本章では，IPv4 について IP アドレスとアドレスクラス，サブネットマスクの仕組みについて学ぶ。なお，本章で登場する IP アドレスはすべて IPv4 のものである。

IP アドレスやアドレスクラス，サブネットマスクの仕組みについて概略だけ学ぶことは容易であるが，それでは実際のネットワークの設定が行えない。本章では，まず，IP アドレスを 2 進数と 10 進数に手計算で変換できるようにするところから始め，アドレスクラスの原理を理解し，サブネットマスクを適切に設定できるような計算を行えるようにすることを目標としている。

6.1 IP アドレスの計算

1.1 節で述べたように，2016 年 3 月現在，世界で一般的に使用されている IP アドレスには IPv4 と IPv6 がある。わが国では現在も一般的に IPv4 が使用されており，IP アドレスの表現方法についても先述した通りである。本節では，IP アドレスを 2 進数と 10 進数に変換する方法について詳細に説明する。

例として 192.168.1.10 の IP アドレスを用いて説明を行う。この IP アドレスは 2 進数では**図 6.1** のように 32 個のビット列で表現されている。

人間は，図のようなビット列を 8 ビットごとに区切り，10 進数に変換して読んでいる。まず，8 ビットの塊が四つになるようにこのビット列を区切ってみ

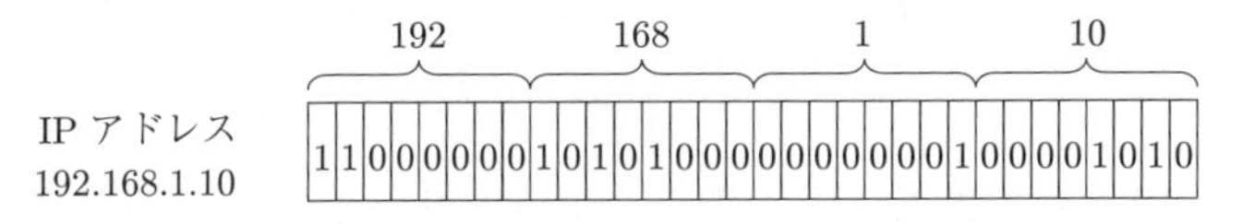

図 6.1　2 進数で表現された IP アドレス

よう。11000000, 10101000, 00000001, 00001010 の四つの塊になったであろうか。それでは，それぞれの塊を 2 進数として扱い，これらを 10 進数に変換してみよう。10 進数の場合，整数の桁は右端から 1 の位（10^0 の位），10 の位（10^1 の位），100 の位（10^2 の位）となる。2 進数でも同様であり，右端から，2^0 の位（1 の位），2^1 の位（2 の位），2^2 の位（4 の位），2^3 の位（8 の位），2^4 の位（16 の位），2^5 の位（32 の位），2^6 の位（64 の位），2^7 の位（128 の位）である。よって，上記のそれぞれの塊はつぎのように 10 進数に変換できる。

11000000

$$1 \times 2^7 + 1 \times 2^6 + 0 \times 2^5 + 0 \times 2^4 + 0 \times 2^3 + 0 \times 2^2 + 0 \times 2^1 + 0 \times 2^0 = 192$$

10101000

$$1 \times 2^7 + 0 \times 2^6 + 1 \times 2^5 + 0 \times 2^4 + 1 \times 2^3 + 0 \times 2^2 + 0 \times 2^1 + 0 \times 2^0 = 168$$

00000001

$$0 \times 2^7 + 0 \times 2^6 + 0 \times 2^5 + 0 \times 2^4 + 0 \times 2^3 + 0 \times 2^2 + 0 \times 2^1 + 1 \times 2^0 = 1$$

00001010

$$0 \times 2^7 + 0 \times 2^6 + 0 \times 2^5 + 0 \times 2^4 + 1 \times 2^3 + 0 \times 2^2 + 1 \times 2^1 + 0 \times 2^0 = 10$$

これをピリオドでつないで表現したものが 192.168.1.10 であり，人間にとって一般的な IP アドレスの表記である。なお，2^0 が 0 であると思っている者がいるので計算時には注意してほしい。

アクティブラーニング 6.1

図 6.2 の 2 進数で表現された IP アドレスを，四つの 10 進数をピリオドで区切る形式に変換しなさい。

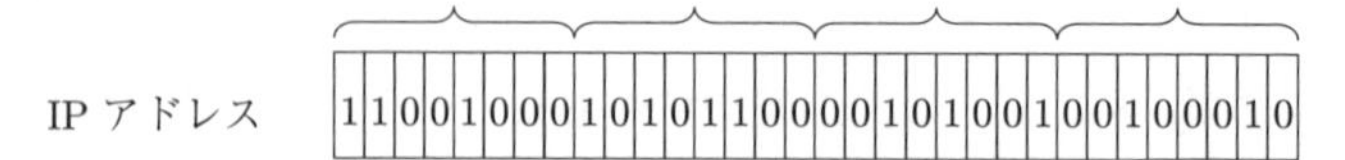

図 6.2　2 進数で表現された IP アドレスの 10 進数への変換

つぎに，10 進数で表現された IP アドレスを 2 進数（ビット列）に変換する方法について説明する。192.168.1.10 を 2 進数に変換する例を**図 6.3** に示す。

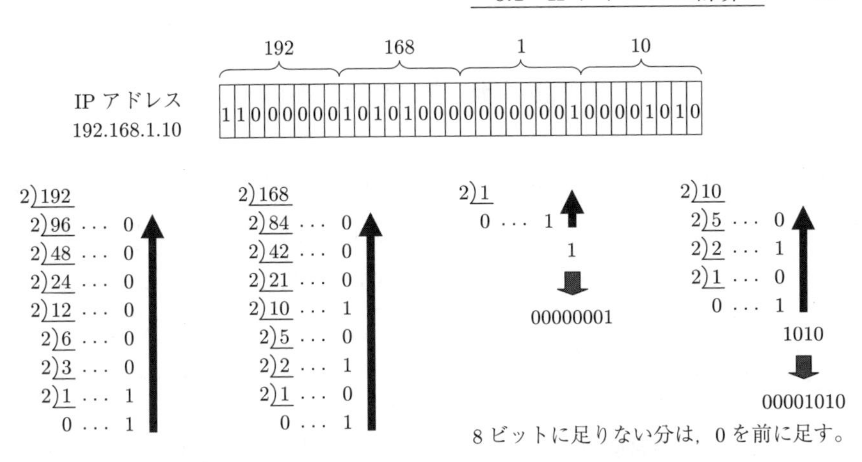

図 6.3 10 進数で表現された IP アドレスの 2 進数への変換

割り算の筆算の上下が逆向きになるように書き，左側の数字（2 進数なので 2）で割っていく。商を下側，余りを右側に書く。商が 0 になるまで割り続け，商が 0 になったら余りの数字を下から上に（上から下にではないので注意）読むと 2 進数になっている。なお，IP アドレスは 8 ビットの 2 進数を四つの塊にして 10 進数で表現していたため，2 進数に変換した際に 8 桁に満たない場合は，数字の上位（下位ではないので注意）に 0 を書き足して 8 桁になるようにしてほしい。例えば，10 進数の 10 が変換された 2 進数の 1010 では，上位 4 桁に 0 を書き足して 00001010 とする。

アクティブラーニング 6.2

図 6.4 の 10 進数で表現された IP アドレスを 2 進数のビット列に変換し，図に書き足しなさい。

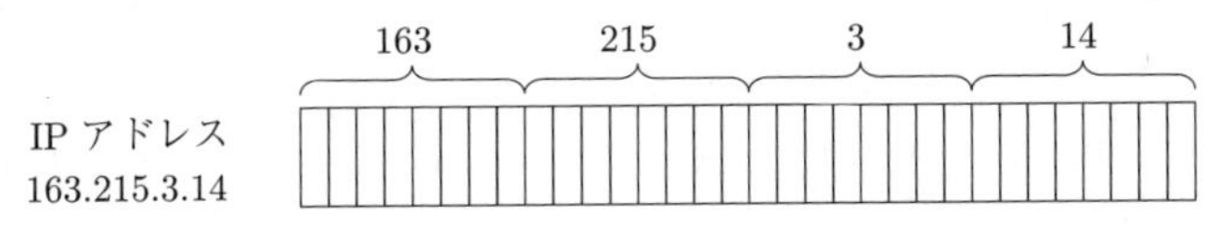

図 6.4 10 進数で表現された IP アドレスの 2 進数への変換

6.2 セ グ メ ン ト

本節では，IP アドレスの範囲をまとめたセグメントの仕組みについて説明する。192.168.1.0〜192.168.1.255 の IP アドレスをもつセグメントがあるとする。ゲートウェイの IP アドレスは 192.168.1.1 である。このセグメントを**図 6.5** に示す。

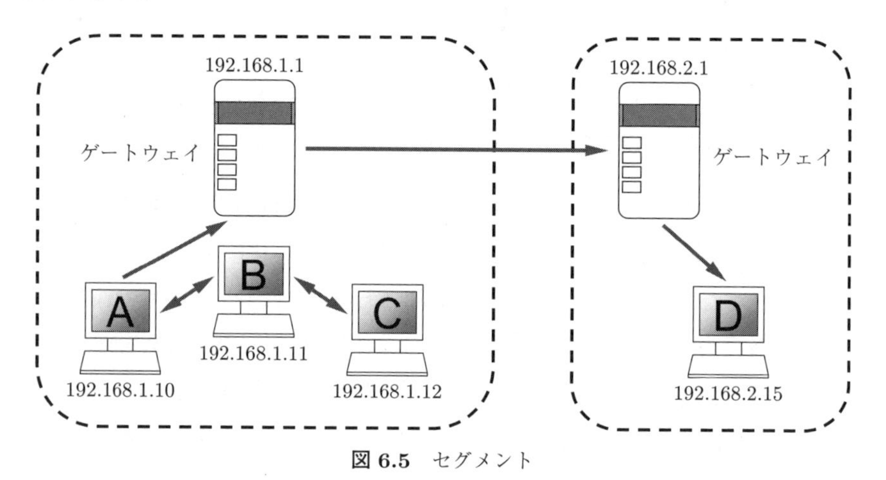

図 6.5　セグメント

波線で囲まれた範囲がセグメントである。図の左側にある A，B，C の PC 間で通信する際は，同一のセグメント内であるため直接通信が行えるが，異なるセグメントにある A と D が通信するためには，ゲートウェイを経由しなければならない。

どの IP アドレスをもつ機器が同一セグメントになるのかについては決まりがある。まず，基本的にはアドレスクラスに従ってセグメントが決定するので，アドレスクラスについて説明する。

図 6.6 に示すように，IP アドレスは，クラス A（図 (a)），クラス B（図 (b)），クラス C（図 (c)）といったアドレスクラスに分類できる。アドレスクラスにはクラス D とクラス E も存在するが，本書での説明は省略する。

図に示すように，最上位ビットが 0 のものはクラス A に分類され，最上位 2

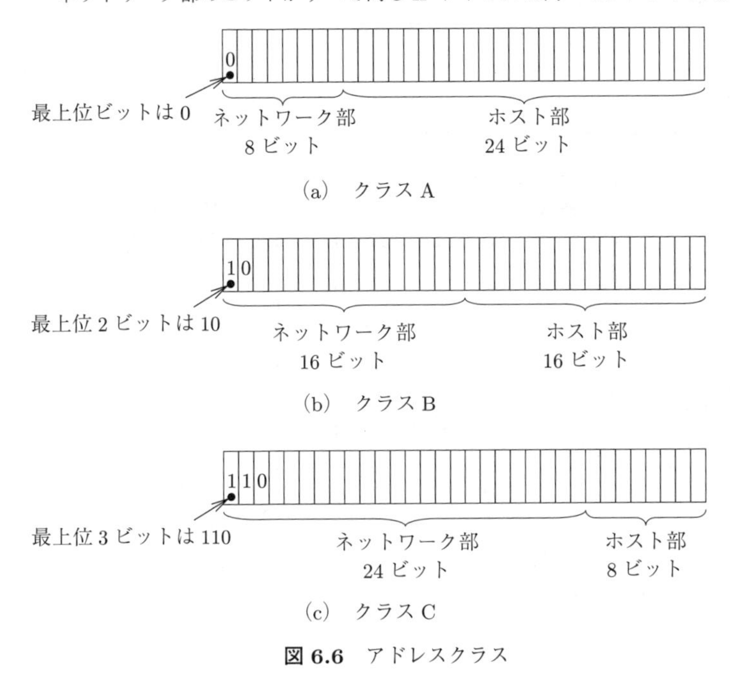

(a)　クラス A

(b)　クラス B

(c)　クラス C

図 6.6　アドレスクラス

ビットが 10 のものはクラス B，最上位 3 ビットが 110 のものはクラス C に分類される。このとき，32 ビットの IP アドレスは，ネットワーク部とホスト部に分けられる。どこがネットワーク部でどこがホスト部かはアドレスクラスによって異なっている。ネットワーク部のビットの値がすべて同じ IP アドレスは，同一セグメントになる。

アクティブラーニング 6.3

それでは，確認のために**図 6.7** を参照しながら，つぎの IP アドレスについて計算しなさい。6.1 節で説明した変換方法を理解していれば，10 進数で示された IP アドレスを 2 進数に変換できるはずである。

- 192.168.1.10 と 192.168.1.11 は同一のセグメントにあるか。

• 192.168.1.10 と 192.168.2.15 は同一のセグメントにあるか。

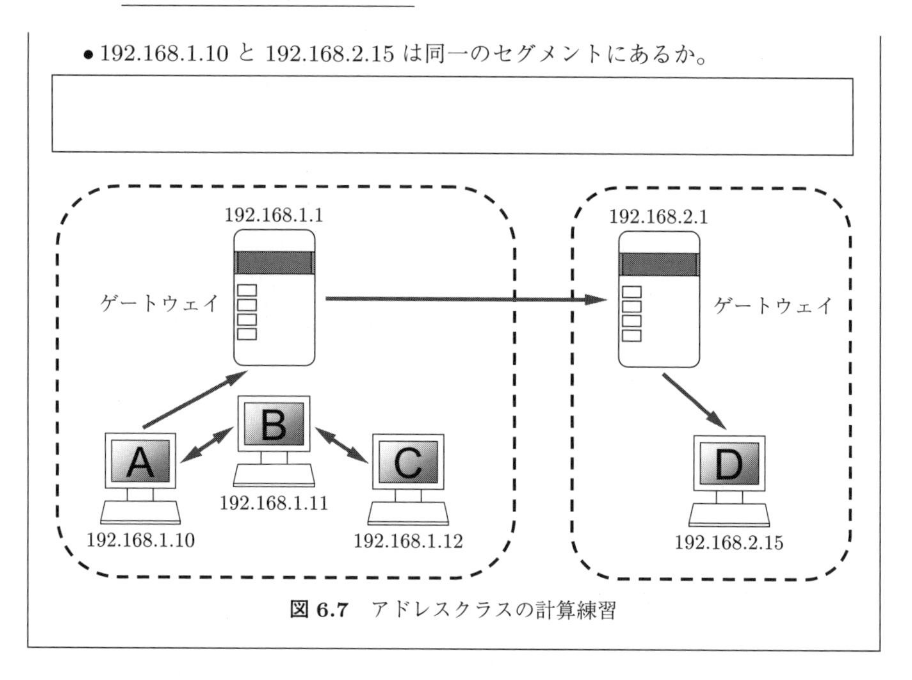

図 6.7　アドレスクラスの計算練習

6.3　サブネットマスク

セグメントの仕組みについては 6.2 節にて説明した。しかし，場合によっては 6.2 節の仕組みではうまくいかないこともある。例えば，一つのセグメントに設置されるコンピュータが 10 台しかなく，小さなセグメントをつくりたい場合はどうであろう。ほかには，割り当てられた IP アドレスを有効に使いたいという，つぎのような場合も考えられる。クラス C の IP アドレスを割り当てられたので，256 個の IP アドレスを所有しているが，これを四つのセグメントに分割して管理したい。このような場合に有効となるのが，サブネットマスクの仕組みである。

サブネットマスクは，IP アドレスと同じく，32 ビットのビット列で構成されており，32 桁の 2 進数，もしくは四つの 10 進数をピリオドでつないだ形式で表現される。IP アドレスに対してサブネットマスクを適用する例を**図 6.8** に示す。

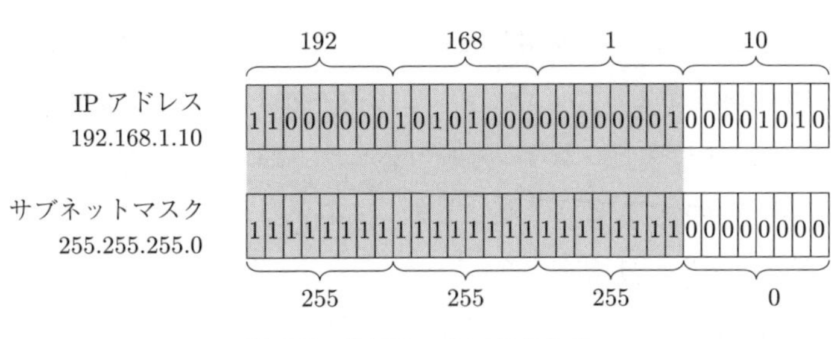

図 6.8 サブネットマスクとは

図に示すように，IP アドレスのサブネットマスクのビットが 1 の部分と重なる箇所が，ネットワーク部とサブネット部となり，この部分が一致している IP アドレスは同じセグメントとなる。この部分が一致していない IP アドレスとは直接通信することができず，ゲートウェイを通して通信することになる。ネットワーク部とサブネット部ではない残りの部分をホスト部という。図 6.8 では，サブネットマスクのビットが 1 の部分がネットワーク部と完全に一致してしまっているため，サブネット部はない。

図のサブネットマスクが設定されている場合，192.168.1.10 と 192.168.1.11 はマスクされている部分のビットがすべて一致しているため直接通信できるが，192.168.1.10 と 192.168.2.15 はこの部分が一致していないため，ゲートウェイを通してしか通信できない。

それでは，つぎにサブネット部が存在する例を**図 6.9** に示す。

192.168.1.0〜192.168.1.255 の IP アドレスを管理下に置いている状況で，こ

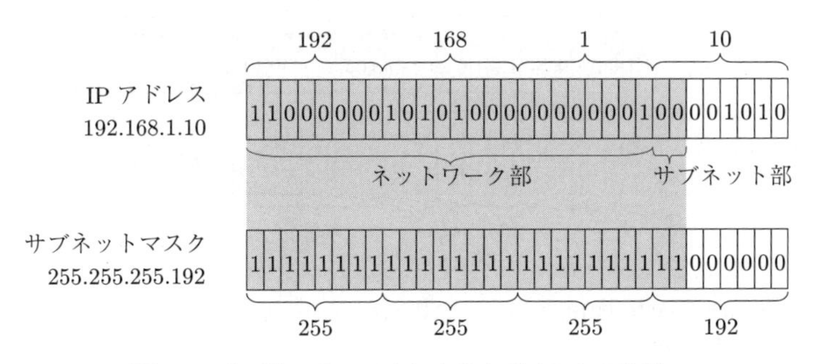

図 6.9 サブネットマスクによるセグメントの分割 1

のセグメントを 4 分割して使用したいと考える。2 ビットあれば $2^2 = 4$ となり，4 通りの組み合わせがつくれるので，サブネットマスクを 255.255.255.192 として，最後の 8 ビットのうちの先頭の 2 ビット部分にもサブネットマスクを掛ければ，ホスト部は 6 ビットだけとなり，本来のセグメントを四つのセグメント（サブネット）に分割できる。

四つに分割された各サブネットにおける IP アドレスの範囲はつぎのようになる。

192.168.1.0～192.168.1.63

192.168.1.64～192.168.1.127

192.168.1.128～192.168.1.191

192.168.1.192～192.168.1.255

セグメントを分割する仕組みを理解したかどうか確認するため，もう一例を挙げて説明する。192.168.1.0～192.168.1.255 のセグメントを 16 個の IP アドレスをもつ 16 個のサブネットに分割するにはどうすればよいであろうか。**図 6.10** に示すように，本来のホスト部 8 ビットのうち，上位 4 ビットが 0000, 0001, 0010, 0011, …, 1110, 1111 と 16 通りに変わることで，16 個のサブネットが作成できる。

つまり，本来のホスト部 8 ビットのうち，上位 4 ビットにもサブネットマスクが掛かれば（サブネットマスクのビットが 1 になれば）よい。よって，サブ

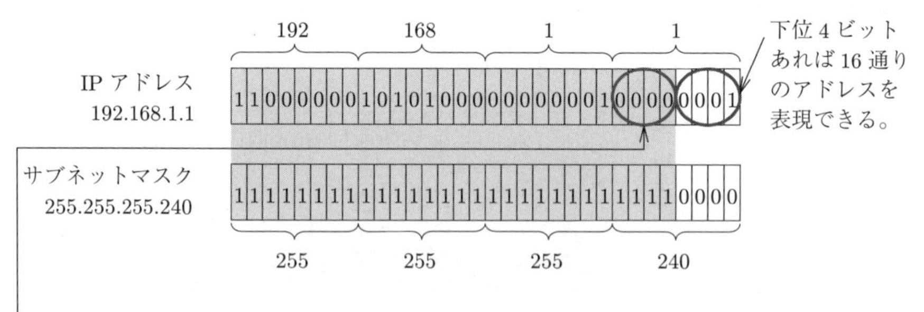

図 6.10　サブネットマスクによるセグメントの分割 2

ネットマスクは 255.255.255.240 となる。16 個のサブネットの IP アドレスの範囲はつぎのようになる。

1 番目：192.168.1.0〜192.168.1.15

2 番目：192.168.1.16〜192.168.1.31

⋮

16 番目：192.168.1.240〜192.168.1.255

アクティブラーニング 6.4

サブネットマスクが 255.255.255.224 のサブネットにおけるホスト部は何ビットか。

アクティブラーニング 6.5

192.168.0.0〜192.168.0.255 のセグメントを 16 個のサブネットに分割したい。以下の誘導に従って各サブネットがもつ IP アドレスの範囲を答えなさい。

手順 1　192.168.0.0 を 32 ビットのビット列として表現しなさい。

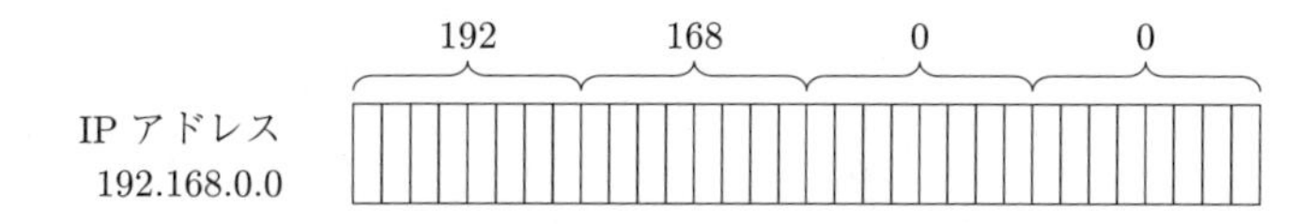

手順 2　6.2 節の図 6.6 を参照し，192.168.0.0 はどのアドレスクラスに分類されるか答えなさい。

手順 3　そのアドレスクラスのネットワーク部に 1 が，ホスト部に 0 がくるように，32 ビットのサブネットマスクをビット列で表し，それを四つの 10 進数に変えて読みなさい。

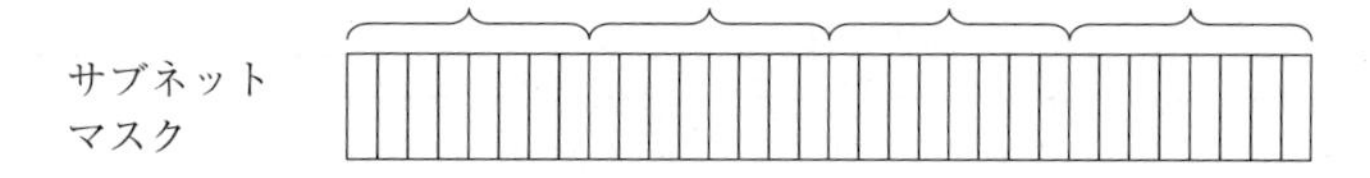

手順 4　マスクの掛かっていない下位 8 ビットに対して，16 個のサブネットに分割するようにマスクを掛けると，32 ビットの上位何ビットにマスクが掛かるか，6.3 節の図 6.10 を参照して答えなさい。

手順 5　本来の 8 ビットのホスト部のうち，上位何ビットかにサブネットマスクが掛かっている。図 6.10 を参照して，その部分を 0000, 0001, 0010, 0011, …, 1110, 1111 と 16 通りに変化させたものを，先ほどの 192.168.0.0 のビット列に適用しなさい。それが，16 個のサブネットのネットワークアドレスになる。各サブネットの最後の IP アドレスは，つぎのサブネットのネットワークアドレスより 1 少ないものになる。

手順 6　16 個に分割されたサブネットの IP アドレスの範囲をそれぞれ書きなさい。

6.4 ブロードキャストアドレスとネットワークアドレス

セグメントの仕組みについては6.2節で，セグメントを分割する仕組みについては6.3節で学んだ。一つのセグメントには，ブロードキャストアドレスとネットワークアドレスという特殊なIPアドレスが二つ存在する。本節ではこれらのIPアドレスの仕組みについて説明する。

ブロードキャストアドレスは，同一のセグメントに属するすべてのIPアドレスに同時にパケットを送信したいときに使用するアドレスである。ホスト部をすべて1にしたIPアドレスがブロードキャストアドレスとして使用される。例えば，**図6.11**の場合，192.168.1.10が所属するサブネットのブロードキャストアドレスは192.168.1.63となる。

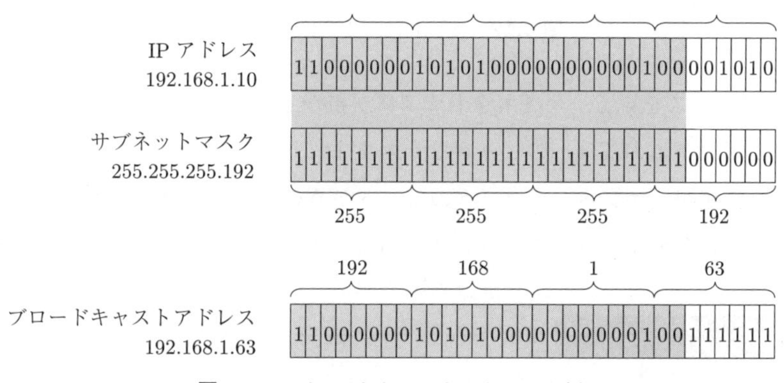

図6.11　ブロードキャストアドレスの例

IPアドレスを見て，サブネットマスクが掛かっている範囲（サブネットマスクのビットが1の部分）のビットはそのままにし，サブネットマスクが掛かっていない範囲（サブネットマスクのビットが0の部分）のビットはすべて1にする。これがブロードキャストアドレスである。2進数の32ビットを10進数の表記に変換できない人は，6.1節を復習してほしい。

ネットワークアドレスは，同一のセグメントの開始IPアドレスである。そのセグメント内の機器にネットワークアドレスを割り当てることは禁止されている。ホスト部をすべて 0 にした IP アドレスが，ネットワークアドレスである。例えば，**図 6.12** の場合，192.168.1.65 が所属するサブネットのネットワークアドレスは 192.168.1.64 となる。

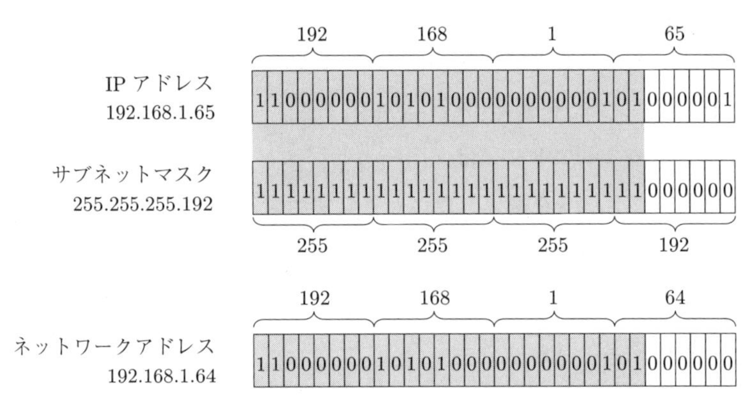

図 6.12　ネットワークアドレスの例

IP アドレスを見て，サブネットマスクが掛かっている範囲（サブネットマスクのビットが 1 の部分）のビットはそのままにし，サブネットマスクが掛かっていない範囲（サブネットマスクのビットが 0 の部分）のビットはすべて 0 にする。これがネットワークアドレスである。

アクティブラーニング 6.6

IP アドレスが 192.168.3.181，サブネットマスクが 255.255.255.192 のネットワークにおけるブロードキャストアドレスを図を使って求めなさい。

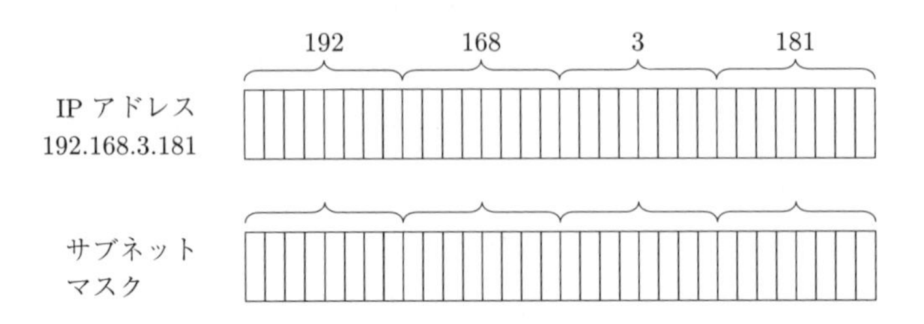

理解度チェック

- □ IPv4 の IP アドレスを 10 進数と 2 進数で表現する方法について理解した（6.1 節）。
- □ ネットワークのセグメントとアドレスクラスの仕組みを理解した（6.2 節）。
- □ サブネットマスクの仕組みとセグメントを分割する方法を理解した（6.3 節）。
- □ ブロードキャストアドレスとネットワークアドレスを理解した（6.4 節）。

7 パケット通信

本章では，パケット通信の仕組みとイーサネットフレームについて学ぶ。

まず，ゲートウェイの内側のイーサネットにおいてデータがフレームという単位で送信される仕組みについて，また，フレームの中でデータが扱われる際の MTU や MSS がどのようなものであるかについて具体的に解説する。

そして，家庭でインターネットへの常時接続サービスを契約している場合に一般的に使用される PPPoE についても触れ，イーサネットフレームの中で PPPoE はどのように扱われているのかについて説明する。

最後に，ゲートウェイの外側の通信に関して，TTL やパケット分割といった技術の紹介と，なぜそれらが必要なのかについて解説する。

7.1 パケットの仕組み

以下，本文を読みながら，アクティブラーニング 7.1 に挑戦してみてほしい。

アクティブラーニング 7.1

本文の誘導に沿って，**図 7.1** に回線を書き足しなさい。

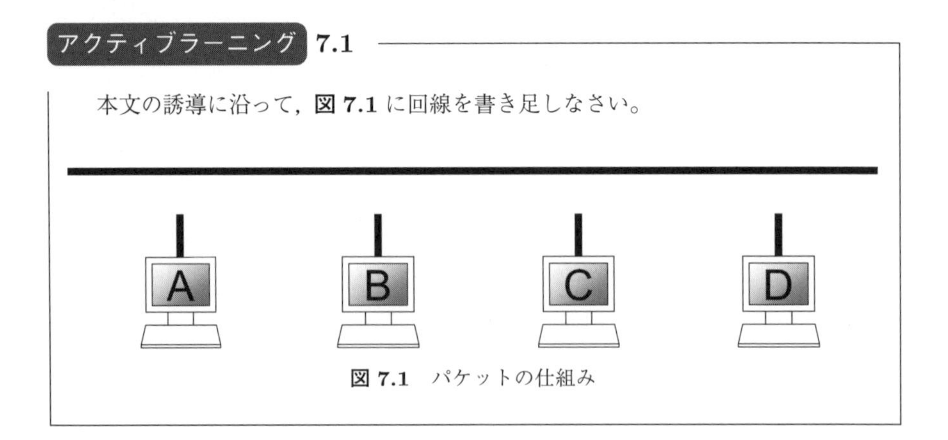

図 7.1 パケットの仕組み

4台の機器のうち，AとCが通信することを考える。一番単純なのは，AとCを信号を送る線に接続することである。それでは図7.1に書き足して，AとCを信号を送る線につないでみてほしい。AとCが物理的に回線で接続された。

それではつぎに，BとDが通信することを考える。図を修正して，今度はBとDを信号を送る線につないでみてほしい。このように，通信する機器どうしが信号を送れるように，物理的な経路をそのつど作成する方式を回線交換方式という。回線交換方式では，交換機が通信相手を識別し，経路を選択する。

この方式で，AとCが通信するとき，BとDは同時に通信できるか考えてみよう。先ほど図を修正した読者は気付いていると思うが，それは無理である。

1.5節にて説明したリピータハブとスイッチングハブがある。スイッチングハブでは接続を切り替えて情報を送信しているが，リピータハブでは接続されている機器すべてに情報が送信されてしまう。図を修正して，A, B, C, Dのすべてを信号を送る線につないでみてほしい。その状態でAからCに情報が送信されるとき，同時にBからDにも情報が送信されるようにできるであろうか。人間の視点で見ると，これはできているように見えるが，厳密にはできていない。

家庭や職場のネットワークには，イーサネット（Ethernet）という規格が一般的に採用されている。イーサネットでは，情報はフレームという単位で送信される。図でAがCに音声をリアルタイムで送っているとする。人間の感覚ではリアルタイムであるが，実際には録音された音声が信号として送信されている。例えば100 ms録音し，この録音された情報をフレームとしてAからCに送信する。電気信号は音よりもはるかに高速に送信できるので，この送信は一瞬で終了する。そして100 ms後につぎのフレームが一瞬で送信され，これを繰り返すことでAからCに音声が連続して送られていく。Cは一瞬で受信した音声を再生するが，100 msの音声であるため再生には当然100 ms掛かる。100 ms後にはつぎの音声を受信しており，これを続けて再生するため，Cでは100 ms遅れで連続して音声を再生し続けることになる。ここで重要なのは，フレームは一瞬で送信される点である。残りの時間は信号を送る線がAに使用されていないため，ほかの機器もこの線を使用できる。つまり，A が C に音声をリアルタイムで送っているときに，同時に B が D に音声をリアルタイムで送ることができるのである。先ほど述べたように，人間の視点で見ると，A と C が通信を行っているときに，同時に B と D も通信を行うことが可能なように見えるが，実際にはこのように情報が送られている。なお，この信号を送る線を，イーサネットではバス（bus）という。

6.2 節で説明したゲートウェイを越えて，IP アドレスを参照して情報が送信されるときには，送信されるひとまとまりの情報をパケットという。情報のどこまでをパケットと呼び，どこまでをフレームと呼ぶかはじつはあまりはっきりしていない。一般的に，1.6 節で紹介したインターネット・プロトコル・スイートのインターネット層ではパケット，リンク層ではフレームとして扱われる†。

7.2　MTU

MTU（Maximum Transmission Unit）とは，1 回のデータ転送で送信可能な IP データグラムの最大値のことである。IP データグラムとは，IP を使って送られる情報のことであるが，ヘッダ部分も含むため具体的な話は後述する。IP データグラムが 2 000 バイトのものがあるとすると，MTU が 1 500 バイトの環境では，この IP データグラムは最大値を超えてしまっていることになる。このような場合には，この IP データグラムは分割されて送信される。

MTU の値は任意に設定できるわけだが，それでは MTU の値が大きいとなにがよいのか考えてみよう。MTU の値が大きければ，大きなサイズの情報を送信する際，分割せずに送信できたり，少ない分割数で送信できたりする。一つのフレームを送信するには，宛先などの情報が付加されるため，分割数が多ければ多いほど，これらの付加情報によって全体として送信しなければならない情報が増えてしまう。

† イーサネットにもパケットが登場することもあり，著者にもよくわからない。

それでは，MTU の値は大きければ大きいほどよいのかというとそうではない。情報が正しく送信できなかった場合，その情報は再度送信し直さなければならない。とても大きいサイズの情報を一度に送信したとき，その情報の一箇所でも誤っていれば，その大きいサイズの情報はすべてもう一度送り直さなければならない。一方，この大きい情報を 100 個に分割して送信していたとしたら，その情報の一箇所が誤って届いた場合，送り直さなければならない情報の量は 100 分の 1 で済む。また，7.1 節で説明したフレームやパケットでは，1 フレームや 1 パケットのサイズが大きくなればなるほど，そのフレームやパケットが通信機器を占有している時間が長くなる。

7.3 MSS

MSS（Maximum Segment Size）とは，TCP によって送られるデータのセグメントサイズの最大値のことである。本節では，MTU と MSS の関係，ならびにイーサネットフレームの構造について説明する。

MTU と MSS はつぎのような関係にある。

MTU = IP ヘッダ + TCP ヘッダ + MSS

IP ヘッダと TCP ヘッダはいずれも通常は 20 バイト（オプションがあるのでこれ以外のサイズにもできる）である。

アクティブラーニング 7.2

MTU が 1 500 バイトのとき，通常のイーサネット型の LAN では，MSS は何バイトになるか。

イーサネットフレームは 64 バイトから最大 1 518 バイトのサイズであると決められている。このうち，イーサネットヘッダが 14 バイト，データの誤り検出と訂正を行うための符号であるFCS（Frame Check Sequence）が4バイトである。イーサネットフレームの構造を**図7.2**に示す。PPPoEを使用する場合（図（b））には，PPPoEヘッダとPPPヘッダがイーサネットフレームに加わる。PPPoE（PPP over Ethernet）とは，PPP（Point to Point Protocol）の機能をイーサネット上でも使用できるようにしたものである。電話回線を使用してインターネットに接続するダイヤルアップ接続においてユーザを確認する機能を，常時接続のイーサネットでも使用できるようにするために用いられている。

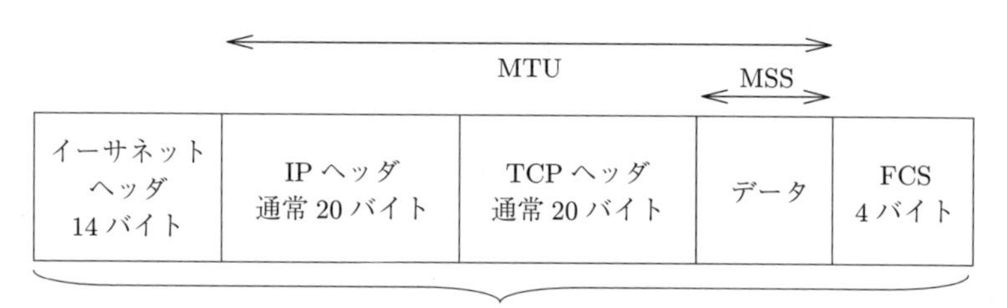

（a）PPPoEを使用しない場合

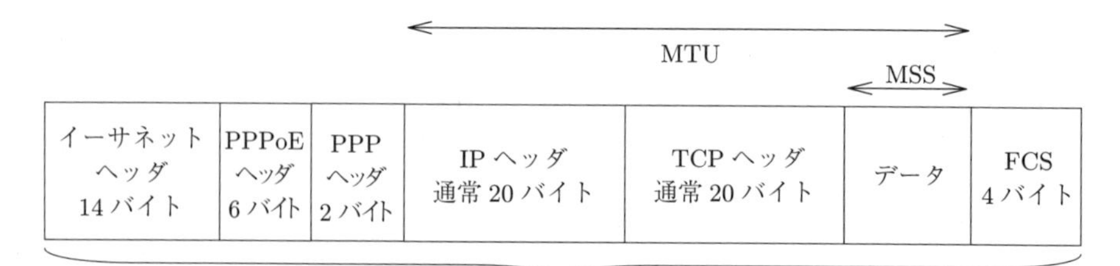

（b）PPPoEを使用する場合

図7.2　イーサネットフレームの構造

アクティブラーニング 7.3

PPPoEを使用しているイーサネット型のLANでは，PPPヘッダとPPPoEヘッダが加わる。以下の条件のとき，MSSが1 452バイトになる理由を説明しなさい。

イーサネットフレーム：1518 バイト
イーサネットヘッダ：14 バイト
FCS：4 バイト
PPP ヘッダ：2 バイト
PPPoE ヘッダ：6 バイト
IP ヘッダ：20 バイト
TCP ヘッダ：20 バイト

6.2 節で説明したゲートウェイを越えて情報が送信されるときには，ゲートウェイの先のネットワークでは MTU の値が異なる可能性がある。途中経路で，送られたパケットより小さい MTU が設定されているところがあると，そこから先にパケットをフォワード（つぎのネットワークに送信する）できなくなるため，途中経路のルータ（パケットをフォワードする機器）がエラーを送信元に返す。その際，その経路を通過可能な MTU 値も返される。

7.4 TTL

7.3 節の最後で，ルータがパケットをフォワードすることを述べた。パケットは，場合によっては複数のルータを経由して，最終的にそのパケットを受信する機器があるネットワークまで到達する。ルータは，パケットの送信先 IP アドレスによって，つぎにどのルータにパケットをフォワードすればよいか判断している。

ルータの設定を行うのは人間であるため，設定を誤ることもある。**図 7.3** のように，フォワード先のルータが設定されていたらどうなるであろうか。

これでは永遠にパケットがルータ間をループしてしまい，ルータは無駄な処

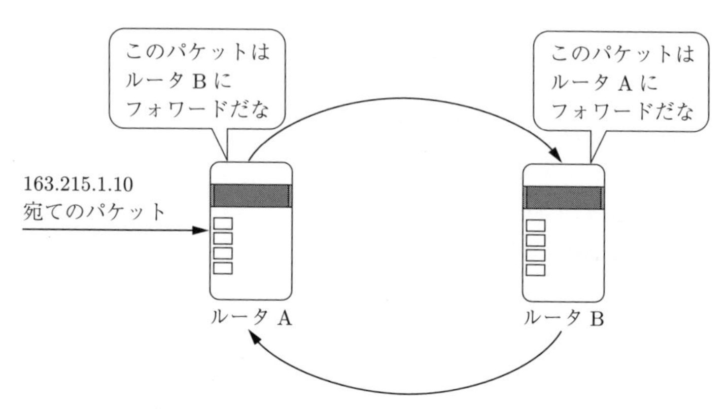

図 7.3　パケットのフォワードのループ

理をし続けることになる。こうならないように設定されている仕組みが TTL (Time To Live) である。TTL は IP ヘッダ内に記述されており，8 ビットの値をもつ。ルータがパケットをフォワードするときに，TTL の値を一つ減らし，TTL が 0 になるとパケットは破棄される。

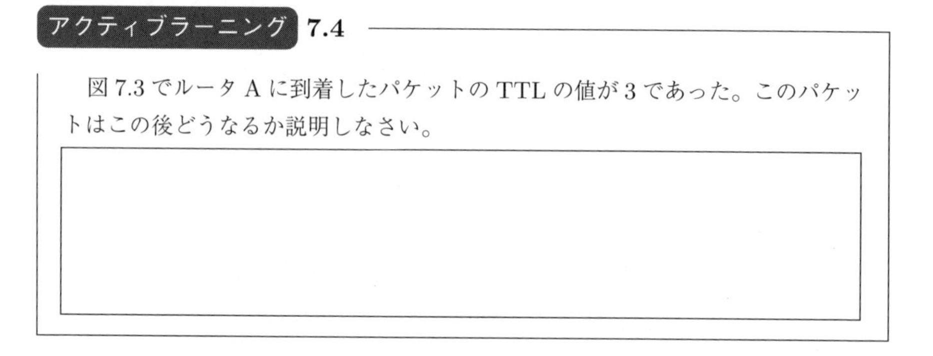

アクティブラーニング 7.4

図 7.3 でルータ A に到着したパケットの TTL の値が 3 であった。このパケットはこの後どうなるか説明しなさい。

7.5　パケット分割

本節では，パケットの分割がどのように行われ，どのように復元されるのかについて説明する。IP ヘッダの構造を**図 7.4** に示す。

```
 0                   1                   2                   3
 0 1 2 3 4 5 6 7 8 9 0 1 2 3 4 5 6 7 8 9 0 1 2 3 4 5 6 7 8 9 0 1
+-+-+-+-+-+-+-+-+-+-+-+-+-+-+-+-+-+-+-+-+-+-+-+-+-+-+-+-+-+-+-+-+
|Version|  IHL  |Type of Service|          Total Length         |
+-+-+-+-+-+-+-+-+-+-+-+-+-+-+-+-+-+-+-+-+-+-+-+-+-+-+-+-+-+-+-+-+
|         Identification        |Flags|      Fragment Offset    |
+-+-+-+-+-+-+-+-+-+-+-+-+-+-+-+-+-+-+-+-+-+-+-+-+-+-+-+-+-+-+-+-+
|  Time to Live |    Protocol   |         Header Checksum       |
+-+-+-+-+-+-+-+-+-+-+-+-+-+-+-+-+-+-+-+-+-+-+-+-+-+-+-+-+-+-+-+-+
|                       Source Address                          |
+-+-+-+-+-+-+-+-+-+-+-+-+-+-+-+-+-+-+-+-+-+-+-+-+-+-+-+-+-+-+-+-+
|                    Destination Address                        |
+-+-+-+-+-+-+-+-+-+-+-+-+-+-+-+-+-+-+-+-+-+-+-+-+-+-+-+-+-+-+-+-+
|                    Options                    |    Padding    |
+-+-+-+-+-+-+-+-+-+-+-+-+-+-+-+-+-+-+-+-+-+-+-+-+-+-+-+-+-+-+-+-+
```

図 7.4　IP ヘッダの構造（RFC 791 Example Internet Datagram Header Figure 4 より抜粋）

図を見ると，Identification というフィールド（場所）がある。Identification フィールドには，パケットを送信する際にパケットごとに異なる値がセットされ，途中経路でパケットが何回分割されても同じ値が保持される。Flags には 0 か 1 かの値が書き込まれる。0 であれば同じ Identification の値をもつ後続パケットは存在せず，1 であれば分割された際の後続パケットが存在することを示す。Fragment Offset には，分割されたパケットが先頭から何バイト目のパーツであるのかを示す値が書き込まれる。実際の値は，Fragment Offset の値を 8 倍したバイトである。

アクティブラーニング 7.5

異なる送信元 IP アドレスをもつ機器が，たまたま同時刻に同じ値を Identification フィールドに記述したパケットを作成してしまったらどうなるか。

理解度チェック

- ☐ フレームやパケットがハブを介して送信される仕組みを理解した（7.1 節）。
- ☐ MTU について理解した（7.2 節）。
- ☐ MSS について理解した（7.3 節）。
- ☐ TTL によりパケットが無限にフォワードされない仕組みを理解した（7.4 節）。
- ☐ パケットが分割される原理と，Identification フィールドを参照して分割されたパケットが復元される仕組みを理解した（7.5 節）。

8 人と情報の接点としてのディスプレイ

ディスプレイは，コンピュータが人に対して視覚的な情報を提示するときに用いられる機器であり，情報機器の利用に欠かせない存在である。ここでは現在の主流である液晶ディスプレイの基本構造と，その上で映像を立体的に表示する原理について解説する。また，ディスプレイを介して情報の入力が可能なタッチパネルの原理について解説する。

8.1　液晶ディスプレイ

液晶ディスプレイ（Liquid Crystal Display：LCD）は，電圧を加えると分子の向きが変化するという液晶の仕組みを利用した平面状のディスプレイである。**図 8.1** に液晶ディスプレイの断面図を示す。液晶ディスプレイの映像表示

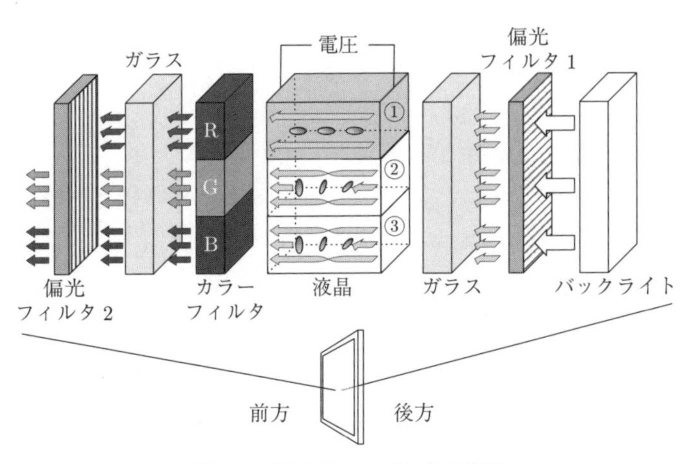

図 8.1　液晶ディスプレイの断面

部分である液晶パネルは，液晶を複数の薄い部品で挟み込んだ構造をしている。ディスプレイ後方にあるバックライトの光がカラーフィルタを経てディスプレイ前方まで透過することで，画面上に特定の色が表示される。

図の右のバックライトから出た光は，最初の偏光フィルタ 1 を通ることで特定方向の振幅成分をもった光だけになり，液晶へと入射される。液晶①には電圧が印加されており，液晶分子が一定方向に整列している。ここに入射された光は振幅成分の方向を変えることなくカラーフィルタを通過するが，その方向と直交する偏光フィルタ 2 を通過することができない。一方，液晶②，③には電圧が印加されておらず，液晶分子は 90 度ねじれた状態で配列している。ここに入射された光は，液晶分子の向きに沿って振幅成分の向きが 90 度ねじれてカラーフィルタを通過する。結果として，ディスプレイ前方には緑と青の光のみが表示される。

アクティブラーニング 8.1

液晶ディスプレイ以外の薄型平面ディスプレイの実現方式を二つ挙げ，その仕組みを説明しなさい。

8.2 3Dディスプレイ

2010年頃を境として，映像を立体的に視聴することができる3Dディスプレイが注目された。2016年現在，3Dテレビ放送は縮小や撤退が目立つが，エンターテインメントの世界では，引き続き研究開発が行われている。

8.2.1 立体視の原理

図8.2 (a) に示すように，われわれが正面方向へ d_1 だけ離れた位置にある物体Aを見つめるとき，左右の眼球は内側へ回転する。このときの θ_1 に該当する角度を**輻輳角**（ふくそう）と呼ぶ。図 (b) のように，物体Aよりも手前 ($d_1 > d_2$) にある物体Bを見つめるときの輻輳角 θ_2 は，θ_1 よりも大きくなる。われわれはこの輻輳角の大小によって遠近感を知覚している。

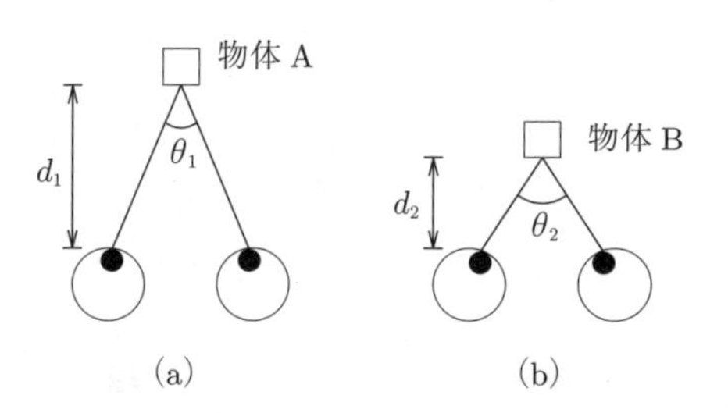

図8.2 遠近感の知覚

また，われわれの左眼と右眼は約6.5 cm離れた位置にある。左右両方の眼を使って一つの対象を見ると，両眼の位置の違いから，左右の眼には異なる像が映る。この現象を**両眼視差**と呼ぶ。現在の3Dディスプレイは，この両眼視差を利用したものが多い。

例として，直方体と球体が置かれた3次元空間があり，球体は人から見て直方体の後方にある場合を考える（**図8.3** (a)）。この状態を上から見たものが図 (b) である。このとき左眼には直方体のみの2次元像が，右眼には直方体と球体の2次元像が映し出される。人の脳は，この左右の像の違いから立体構造を認識し，図

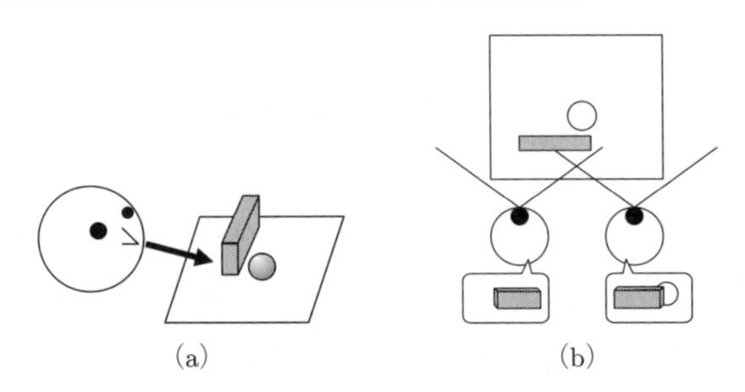

図 8.3　両眼視差

(a) の 3 次元空間として再構成している。

8.2.2　フレームシーケンシャル方式

3D ディスプレイを実現するには，平面的なディスプレイ上で，左右の眼にそれぞれ異なる 2 次元像を提示する必要がある。その実現方式の一つがフレームシーケンシャル方式（**図 8.4**）である[10)†]。

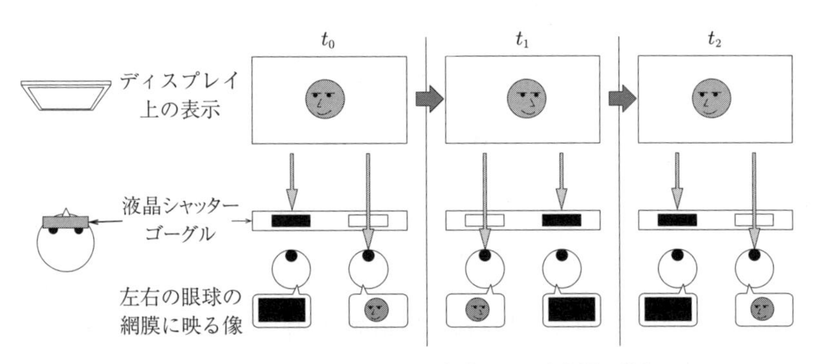

図 8.4　フレームシーケンシャル方式による立体視の仕組み

図の左に示すように，フレームシーケンシャル方式では，視聴者は液晶シャッターゴーグルと呼ばれる眼鏡型機器を付けてディスプレイを眺める。このゴーグルは左右の眼のレンズ部分を透明・不透明に切り替えることができる。図の時刻 t_0 において，ディスプレイには右眼用の像が表示されている。このとき，

† 肩付数字は巻末の引用・参考文献を示す。

液晶シャッターゴーグルは左眼部分を不透明に，右眼部分を透明にする。時刻 t_0 から一定時間が経過した時刻 t_1 では，ディスプレイは左眼用の像に切り替わる。このとき，液晶シャッターゴーグルは左眼部分を透明に，右眼部分を不透明にする。この動作を $t_2, t_3, \cdots$ と高速に繰り返していくと，視聴者の左眼には左眼用の像だけが，右眼には右眼用の像だけが提示されて見える。この左右の映像が両眼視差に基づいたものであれば，視聴者はディスプレイ上の映像を立体的に見ることができる。

アクティブラーニング 8.2

1 秒間に 30 枚の画像を切り替え可能なディスプレイの上で，フレームシーケンシャル方式を用いて 3D 映像を 10 秒間視聴した。このとき，右眼用の映像が右眼に提示される回数を答えなさい。

アクティブラーニング 8.3

テレビ放送において 3D 技術が普及しなかった原因を考察しなさい。

8.2.3 視差バリア方式

立体視をするために特殊なゴーグルを付けるのは，視聴者にとって大きな負担となる。そこで一部の携帯端末では，ゴーグルなしの裸眼による立体視を実現している。その例の一つが視差バリア方式（**図 8.5**）である。

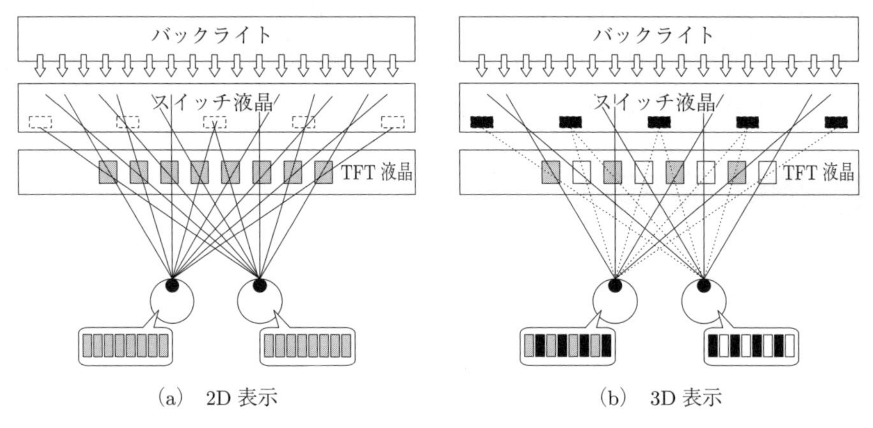

図 8.5 視差バリア方式による立体視の仕組み

視差バリア方式のディスプレイは，映像を表示する TFT（Thin Film Transistor）液晶のほかに，**スイッチ液晶**と呼ばれる中間層をもつ。スイッチ液晶は，電圧印加によってバックライトからの光の一部を遮蔽する視差バリアを発生させることができる。

図 (a) は，スイッチ液晶をオフにした状態を示している。この状態ではバックライトからの光が遮蔽されることなくスイッチ液晶を透過するため，通常の液晶ディスプレイと構造は変わらない。左右の眼には同一の映像が映る。

一方，図 (b) はスイッチ液晶をオンにした状態を示している。この状態ではバックライトからの光の一部が液晶によって遮蔽される。TFT 液晶上には，バックライトからの光が左右の眼に届く領域と届かない領域とが交互に発生する。このパターンに合わせ，左眼用の像と右眼用の像を交互に TFT 液晶上に表示すると，左右の眼に別々の 2 次元像が提示される。結果として，視聴者はディスプレイ上の映像を立体的に見ることができる。

アクティブラーニング 8.4

視差バリア方式のディスプレイ上で，同一の画像を 2D 表示と 3D 表示で見比べた。このとき，両者の解像度にはどのような違いがあるか説明しなさい。

アクティブラーニング 8.5

図 8.6 は視差バリア方式で 3D 映像を視聴している様子を表している。このとき，TFT 液晶上の 8 箇所に表示されている模様を図に書き込みなさい。

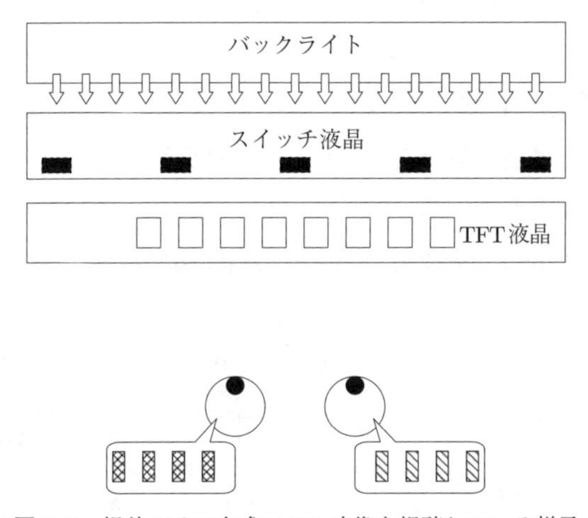

図 8.6　視差バリア方式で 3D 映像を視聴している様子

8.3　タッチスクリーン

これまで説明してきたディスプレイは，人に情報を視覚的に提示する機能に特化していた。しかし，2010 年前後からのスマートフォンの普及以降，ディスプレイ表面を触ることで情報の入力が可能なタッチスクリーンが爆発的に普及した。タッチスクリーンは，これまでに説明した液晶ディスプレイの表面に，タッチ位置を測定する透明なパネル（タッチパネル）を貼り合わせたものである。

マウスやノート PC に搭載されているタッチパッドでは，ディスプレイとは別の場所に設置されたデバイスを用いてカーソルを移動させ，操作対象を選択する。これに対しタッチスクリーンでは，ディスプレイに表示されている情報を指などで直接触って操作ができるため，キーボードやマウスに不慣れな人でも直感的に扱える。このようなデバイスには，ディジタル機器や情報サービスへの習熟度が生む格差（**ディジタルデバイド**）を解消する役割が期待されている。

タッチパネルの原理は複数あり，測距センサや赤外線 LED を用いたものは，数時間程度の工作とプログラミングで自作も可能である。ここでは，実際の製品に多く使われている代表的な二つの方式について説明する。

8.3.1　抵 抗 膜 方 式

抵抗膜方式は，構造が簡単なことから，金融機関の ATM や自動券売機など多くの製品で採用されている。

図 8.7 (a) は抵抗膜方式タッチパネルの断面図である。抵抗膜方式のタッチ

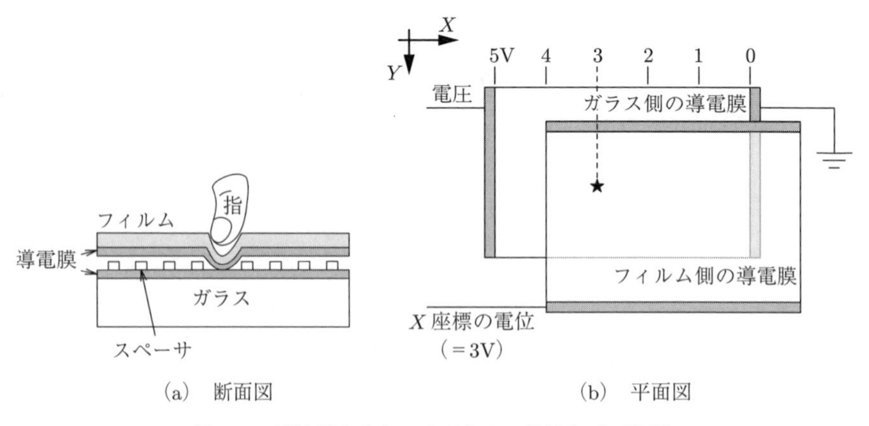

(a)　断面図　　(b)　平面図

図 8.7　抵抗膜方式タッチパネルの仕組み（4 線式）

パネルは，電気抵抗をもった透明の膜（導電膜）どうしをわずかな隙間を空けた状態で貼り合わせた構造をしている。上下の導電膜の間には不必要な接触を防ぐための絶縁性スペーサが配置されている。人が指やスタイラスペンでフィルム側をタッチ操作すると，導電膜がやわらかいフィルムとともに変形し，ガラス側の導電膜と接触する。抵抗膜方式は，このときの電圧を計測することでタッチ位置を認識する。

抵抗膜方式でタッチ位置の X 座標を認識する方法を図（b）に示す。ガラス側の導電膜には，X 軸方向に一定の電圧（図では 5 V）が印加されている。図中★の位置をタッチすると双方の導電膜が接触する。このとき，もう一方のフィルム側の導電膜をプローブとして電圧を測定することで，接触点までの電圧値（図では 3 V）がアナログ値として測定できる。この電圧を A-D 変換にかけることで接触点の X 座標が得られる。タッチ位置の Y 座標は，同様の電圧計測をガラス側の導電膜でも行うことで実現できる。

抵抗膜方式は，タッチパネル表面に傷を付けないものであれば，入力手段を選ばない。指でもペンでも入力が可能である。しかし，物理的な変形を利用するため耐久性が低く，変形が発生しない弱い力でのタッチ操作には反応しない。また，フィルムと導電膜を重ねるため，ガラス下面から提示される映像の透過性が下がる。複数のポイントに同時に触れて操作できるマルチタッチ方式の認識も困難である。

8.3.2 静電容量方式

静電容量方式は，近年発売されている多くの情報端末で採用されている方式の一つである。

図 8.8 (a) は静電容量方式タッチパネルの断面図である。静電容量方式では，タッチ点の X 座標と Y 座標を測定する 2 枚の電極層を貼り合わせ，それをガラスなどの硬質な絶縁材で挟み込んだ構造をしている。人体には導電性があるため，ガラス表面を指などでタッチすると，電極層と指との間にコンデンサが形成される。この容量変化を計測することでタッチ位置を認識している。

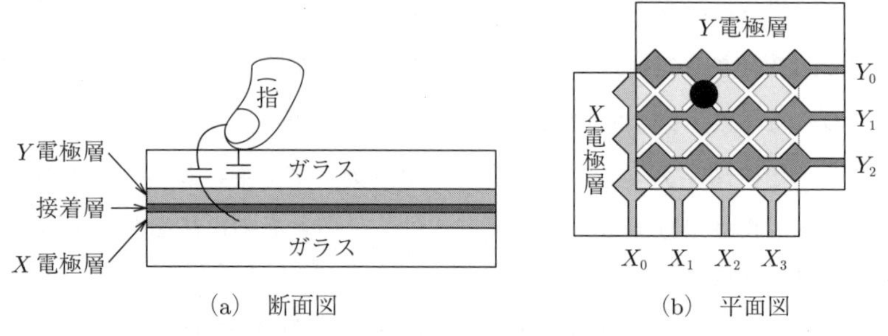

(a) 断面図　　(b) 平面図

図 8.8 静電容量方式タッチパネルの仕組み（投影型）

静電容量方式の電極層の構造を図（b）に示す。各電極層にはモザイク状の透明な電極パターンが X・Y 軸方向を走査するように配置されており，それらを重ね合わせて全体を網羅している。図中●の位置をタッチすると，X 電極層では X_1 と X_2 で，Y 電極層では Y_0 と Y_1 で容量変化が発生するため，この交点に相当する座標をタッチ位置と認識することができる。

静電容量方式は，物理的な変形を利用しないため耐久性が高く，軽いタッチ操作にも反応する。タッチ位置の認識精度も高いうえ，複数タッチ位置の認識にも優れている。一方で，手袋をはめると入力ができない，抵抗の増加によって大型化が難しいなどの課題がある†。

アクティブラーニング 8.6

タッチスクリーンを利用するのが難しいのはどのような人たちか考察しなさい。

† 導電性繊維を利用した手袋であれば，装着したままでのタッチ操作も可能である。

理解度チェック

- □ 液晶ディスプレイの基本原理と構造について理解した（8.1 節）。
- □ 映像を立体的に視聴する立体視の原理について理解した（8.2 節）。
- □ 3D ディスプレイの代表的な方式であるフレームシーケンシャル方式と視差バリア方式の原理について理解した（8.2 節）。
- □ 情報機器の操作に不慣れな人に対して，直感的な操作を実現するタッチスクリーンが果たす役割について理解した（8.3 節）。
- □ タッチスクリーンの代表的な方式である抵抗膜方式と静電容量方式の原理について理解した（8.3 節）。

9
モノの認識技術

インターネットにコンピュータや携帯電話などを相互につなげることで，われわれの生活は大きく変わった。これからのインターネットは，そのような情報機器だけでなく，人やモノ，モノとモノとを相互につなげることが期待されている。ここでは，人やモノを認識し，インターネットからアクセスできるようにするための ID 技術について解説する。

9.1 ユビキタスからモノのインターネットへ

ユビキタス (ubiquitous) とは，「どこにでも，同時に至るところにある」という意味であり，ラテン語 ubique を語源とする。マーク・ワイザー (Mark Weiser) は 1991 年に発表した論文の中で，将来のコンピュータは空気のように静かでありふれたものとなり，人々がその存在を意識せずに使うようになるだろうと予想し，そのような利用形態をユビキタスコンピューティングと呼んだ[8)]。

時代は変わり，現在は多くのコンピュータやスマートフォンなどが有線・無線のネットワークで接続され，いつでも，どこからでもネットワークを通じて情報やサービスにアクセスできるユビキタス社会は実現しつつある。今後は，テレビや冷蔵庫などの家電製品，自動車，果ては食品や日用品までもがインターネットを介してつながることが期待されている。このような技術を**モノのインターネット**（Internet of Things：**IoT**）と呼ぶ。

図 9.1 に示すコンピュータやその周辺機器，スマートフォンや自動車などは，電源，通信手段，メモリ，CPU といった計算資源をもつため，現状でもインターネットから容易にアクセスすることができる。しかし，個々の物品や食品

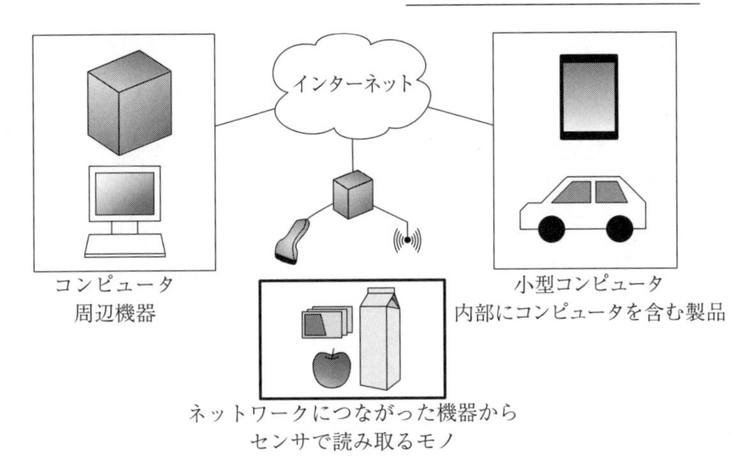

図 9.1 モノとインターネット

が電源や通信手段をもったりすることは現実的ではない。このようなモノに対しては，すでにインターネットに接続されている機器がモノの存在をなんらかの方法で認識し，仲介役としてインターネット上で共有すればよい。

コンピュータがモノの存在を認識するためには，センサなどで外部から読み取りが可能な固有の識別番号（ID）を個々のモノに添付する方法や，コンピュータがモノの形状や特徴を計測して推測する方法がある。特に前者は，インターネットを介した買い物やビジネスの国際化によって日々大量のモノが行き交う時代において非常に重要な位置を占めている。以降ではその例としてバーコードと RFID を取り上げ，その仕組みを概説する。

9.2 バ ー コ ー ド

バーコードは，縞やドットなどの幾何学的模様を組み合わせ，機械での読み取りを可能にしたものである。この組み合わせに数字や文字を割り当てて商品に添付することで「モノの ID」としての利用が可能であり，物品管理の基盤として古い歴史をもつ。

バーコードは紙を媒体としているため，容易かつ安価に利用できる。紙以外にも，印刷可能なプラスチックがあるほか，液晶ディスプレイにバーコードを表示させる方法も可能なため，利用範囲も広い。デメリットとしては，バーコードの破損や遮蔽による読み取り不可，企業や商品の数が増大する中でのIDの割り当てなどが挙げられる。

バーコードは決して新しいものではないが，新たな規格の発明や最新の情報システムとの連携により，現在もID技術の基盤として中心的な役割を担っている。

9.2.1　1次元コード

日本で流通する商品には**JANコード**†と呼ばれる固有の番号が付与されている。JANコードには13桁の標準タイプと，8桁の短縮タイプが存在する。標準タイプにはさらに，最初の7桁の数値が企業固有の番号であるJAN企業コードになっているものと，最初の9桁の数値がJAN企業コードになっているものの2種類が混在している。

JANコードはバーコードとして商品に印字，添付され，物品の販売を集計するPOSシステムや在庫管理などに利用されている（**図9.2**）。JANコードは，

図9.2　JANコードのレイアウト（括弧内の数値はその要素を構成するモジュールの数を表す）

† JANコードは日本国内のみの呼称であり，国際的にはEAN（European Article Number）コードと呼ばれる。

黒と白の縞模様を一定の規則に従って水平方向に並べたものである。縞の最小単位（モジュール）は標準で 0.33 mm である。一つの数値は 7 本のモジュールで構成され，かつ，黒および白の線が 2 本ずつ見えるようなパターンに塗り分けて符号化される。例えば数値の 5 は 7 本のモジュールを 1 : 2 : 3 : 1（□■■□□□■または■□□■■■□）と塗り分ける決まりになっている。バーコードリーダはこのような黒と白の幅を調べることで，そこに記録された数値を復号する。

図のコード 4561234567890 のうち①の部分（456123456）は JAN 企業コードと呼ばれ，企業ごとに割り当てられる番号である。②の部分（789）は商品アイテムコードと呼ばれ，その企業の商品の種類ごとに割り当てられる番号である。最後の③の部分（0）は**チェックディジット**と呼ばれ，ほかの 12 桁の数値から計算することができる。バーコードリーダで読み取った 12 桁の数値から計算したチェックディジットと，バーコードリーダで直接読み取ったチェックディジットとを比較することで，読み取りにエラーがあったかを検証することができる。

チェックディジットは，モジュラス 10 ウェイト 3 という方法で計算することができる。以下に図 9.2 を例としてその手順を示す。

手順 1　最も右側の数値を 1 桁目とし，その左隣の数値を 2 桁目，3 桁目，と分類する（末尾の 0 が 1 桁目，先頭の 4 が 13 桁目）。

手順 2　偶数桁の数を合計した後，3 倍する。

$$(9+7+5+3+1+5)\times 3 = 90$$

手順 3　チェックディジットを除いた奇数桁の数を合計する。

$$8+6+4+2+6+4 = 30$$

手順 4　手順 2 と手順 3 の数を合計する。

$$90+30 = 120$$

手順 5　手順 4 の数の一の位を 10 から引いた値がチェックディジットとなる。ここで，一の位が 0 の場合は 0 がチェックディジットとなる点に注意が必要である。

アクティブラーニング 9.1

身近にある製品のバーコードからチェックディジットを計算し，印字された1桁目の数値と一致するか確認しなさい。

9.2.2　2次元コード

水平方向にのみ情報をもったバーコードを拡張し，水平，垂直の双方に情報をもたせたコードを2次元コードと呼ぶ。

2次元コードの一つに **QR コード**がある。QR コードは1994年に株式会社デンソーが開発した規格であり，当初は製造業での利用を想定していた。しかし，カメラ付き携帯電話やスマートフォンの普及により，現在ではさまざまな用途に利用されている。1次元のバーコードで格納できる情報が20桁程度の数字であったのに対し，QR コードは数字のみで最大7089文字の情報が格納できる†。また，英数字だけでなく漢字やバイナリデータも扱うことができるなど柔軟性が高い。

図 9.3 に QR コードの構造を示す。QR コードは，データの復号を補助する情報が配置された部分（図 (a)）と，データそのものが配置された部分（図 (b)）の二つに分けることができる。

データ復号を補助する部分の一つとして，QR コードの三つの角（左上，右上，左下）に配置されている模様をファインダパターンと呼ぶ（図 (a)）。QR

† QR コードのバージョンが40（177セル×177セル），誤り訂正レベルがLのとき。

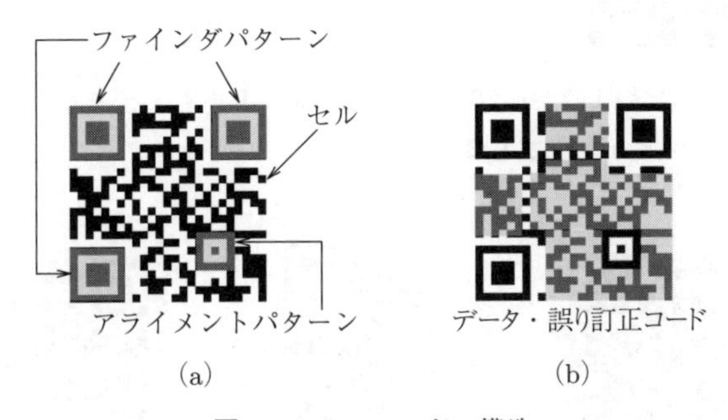

図 9.3 QR コードの構造

コードを読み取るときは，最初にこの三つのパターンを探し出し，QR コードの向きと位置を認識できるようにする。ファインダパターンよりも小さい正方形状の模様（図右下部分）をアライメントパターンと呼ぶ。アライメントパターンは，凹凸などの歪みによるセル位置のずれを補正する役割をもつ。このほかにも，セルの座標の基準を表す部分，フォーマットに関する部分が存在する。

それ以外の領域には，データそのものと，データが読み取れなかった場合にそれを復元するための誤り訂正に使用されるデータが配置されている（図 (b)）。

QR コードには 4 段階の誤り訂正レベルが存在する（**表 9.1**）。誤り訂正レベルとは，どの程度まで QR コードの損傷を考慮するかを表している。誤り訂正レベル（復元率）が高くなればバーコードの汚れや破損に強くなるが，その分，QR コードの大きさが大きくなったり，格納できる情報が少なくなる。その QR コードをどのような環境で使うかによって，適切なレベルを選択する必要がある。

表 9.1 QR コードの誤り訂正レベル

誤り訂正レベル	復元率〔%〕
L	7
M	15
Q	25
H	30

アクティブラーニング 9.2

図 9.4 (a)〜(f) のように，印刷した QR コードをさまざまな状態にして読み取り，成功するかどうかを試しなさい。

(a) ファインダパターン隠し

(b) 斜 め

(c) アライメントパターン隠し

(d) 斜め・アライメントパターン隠し

(e) 歪 み

(f) 歪み・アライメントパターン隠し

図 9.4 QR コード読み取り実験

アクティブラーニング 9.3

図 9.5 における QR コード (a)〜(c) はすべて同じ情報をもっているが，それぞれ異なるレベルの誤り訂正機能をもつ。コードの一部を隠すなどして，図 (a)〜(c) を誤り訂正レベルの高い（＝汚れや破損に強い）順番に並べなさい。

(a)

(b)

(c)

図 9.5 誤り訂正符号が異なる QR コード

9.3 RFID

9.3.1 動 作 原 理

近年は，ID 情報などを埋め込んだチップから電波などを用いた無線通信で情報をやりとりする **RFID**（Radio Frequency Identification）と呼ばれる技術が注目されている。

情報を埋め込む小型の無線タグを RFID タグと呼ぶ。通常の RFID タグは，さまざまなデータを格納できる微小な IC チップと，データを送受信するアンテナを内蔵している。RFID タグのデータを読み取るリーダ側にも，タグと通信するためのアンテナが設置されている。RFID タグにはさまざまな種類が存在し，通信に用いる周波数，タグへの電源供給方式，通信距離などで分類される[11)]。

図 9.6 は，13.56 MHz の周波数を用いる RFID タグの情報読み込みの流れを示している。この種類のタグは内部に電源をもたず，10 cm 程度の距離まで読み取りが可能である。以下にその手順を示す。①リーダは情報を読み取るためにコイル状のアンテナに電流を流すと，②この電流によってリーダ側のアンテナに発生した磁界が，タグ側のアンテナ内部を貫く。③この磁界変化によってタグ側に誘導電流が発生し，タグの IC チップに供給される。④IC チップはこの電流によって駆動され，メモリに格納された情報を読み出す。⑤IC チップは読み出した情報を送信するためタグ側のアンテナに電流を流すと，⑥この電流によってタグ側のアンテナに発生した磁界が，リーダ側のアンテナ内部を

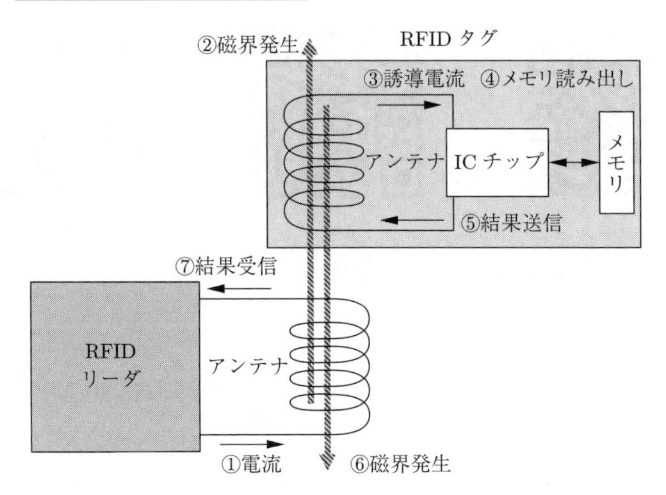

図 9.6　電磁誘導を用いた RFID タグの情報読み込み

貫く。⑦この磁界変化によってリーダ側に誘導電流が発生し，リーダは結果を受信することができる。

9.3.2　バーコードとの比較

RFID タグとバーコードの比較結果を**表 9.2** に示す。RFID タグは，データを繰り返し書き込み，複数のタグを同時に読み込むことができる。また，タグとリーダの間に遮蔽物があっても読み込みが可能である。これに対し，バーコードは，作成時に書き込んだ情報を後から変更できず，リーダで一つ一つ読み取る必要がある。また，バーコードとリーダの間に遮蔽物があるとバーコードを読み込むことができない。しかし，9.2 節でも述べたように，作成コストが圧倒的に低いという利点がある。

表 9.2　RFID タグとバーコードの特徴比較

	RFID タグ	バーコード
通信距離	数 cm〜数 m	数十 cm
データ書き込み	何度でも可	印刷時のみ
一括読み取り	可　能	困　難
遮　蔽	強　い	不　可
コスト	高　い	低　い

9.3.3 バーコードの代わりとしての利用

RFID タグの応用として，バーコードの代わりにさまざまな物品へ貼付することで効果的な物品管理を実現しようという試みがある。RFID タグは，その種類によっては数 m まで無線で複数の同時読み取りができる。また，買い物カゴの中で商品が上下左右に重なっていても読み取りができる。したがって，買い物カゴに商品を入れて，リーダが設置されたゲートを通るだけで，すべての商品の精算が完了する。これが実現できれば，会計時の待ち時間や，行列そのものがなくなるかもしれない。また，**図 9.7** のように RFID リーダを内蔵した冷蔵庫があれば，冷蔵庫の中の食品名，量，消費期限などが自動的に管理され，インターネット経由で外出先から確認できる。同じものを複数買ってしまったり，食品を腐らせてしまったりといったことがなくなり，廃棄食品の削減にもつながる。

図 9.7 RFID リーダ内蔵冷蔵庫

RFID を利用することで，物流において商品に関する情報を後からたどれるようにする**トレーサビリティ**の効率化も期待されている。**図 9.8** のように，商品の生産者が栽培・製造方法などを書き込んでおけば，消費者は店頭でその情報を確認しながら，自分好みの商品を選択できるようになる（**トレースバック**，図中左向きの矢印）。また，市場，倉庫，小売店などで商品の出荷先，日時などを記録しておけば，商品の販売後に問題があったとき，迅速な通知，回収が期待できる（**トレースフォワード**，図中右向きの矢印）。このように，RFID タグに

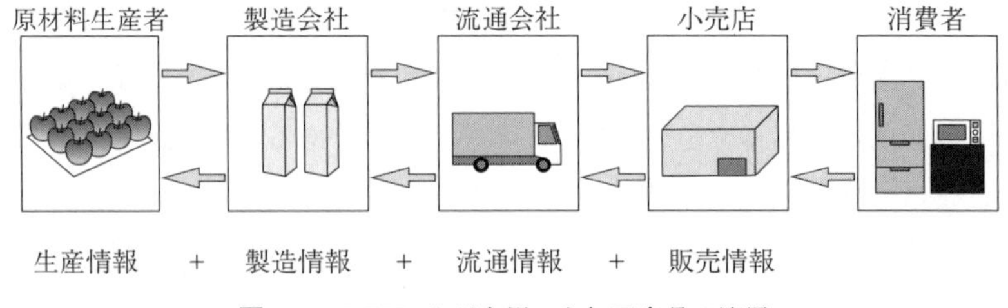

図 9.8　RFID タグを用いた加工食品の流通

よる物流の高度化は，われわれの安心，安全につながることが期待されている。

アクティブラーニング 9.4

トレースバックやトレースフォワードは，だれが，いつ，どのようなときに必要になるかを説明しなさい。参考となる過去のニュースをインターネットで調べ，例として挙げること。

- トレースバック

- トレースフォワード

9.3.4 非接触型 IC カード

RFID のもう一つの応用例は，交通系 IC カードとして使われることが多い非接触型の IC カードである。非接触型 IC カードの内部には，**図 9.9** のように，カードの外周に沿うような形でコイル状のアンテナが埋め込まれている。リーダは自動改札機や券売機でカードをかざす部分であり，9.3.1 項で述べた原理で，リーダとカード間で非接触での情報のやりとりが可能である。

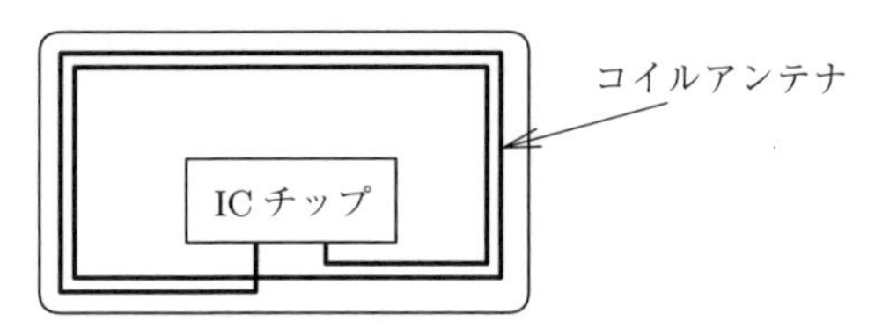

図 9.9 非接触型 IC カードの構造

IC チップ部分には CPU やメモリが搭載されており，かつて広く使われていた磁気ストライプカードに比べて，多くの情報をカード内に記録しておくことができる†。また，磁気ストライプカードに書き込まれた情報は外部から簡単に読み取れてしまうため，その磁気情報を複製した不正なカードを作成，利用する犯罪（**スキミング**）が多発した。一方，IC カードは CPU を介して IC チップ内に書かれた情報にアクセスするため，磁気ストライプカードに比べて情報の読み取りや改ざんなどの技術的ハードルが高く，安全性が高いとされている。

IC カードは人が携帯するものであり，人に貼付された RFID タグであるといえる。IC カードを通じて移動や買い物をするということは，いつ，どこで，なにをしたのかを記録することと等しい。このような人に関する膨大な情報と，IoT で取得する環境の情報とを分析することで，新たなビジネスの創出が期待されている。例えば，「12 月の晴れの日の午後，スポーツの屋外観戦に電車で来る人は，温かい飲み物よりも冷たい飲み物を選ぶ」というような傾向がわかれば，地元の商店は，前日の天気予報をもとに商品の比率を変更しておくことができるようになるだろう。

† 磁気ストライプカードの記憶容量が数十バイト程度なのに対し，IC カードは数キロバイト～1 メガバイトである。

アクティブラーニング 9.5

非接触型 IC カードの内部構造の写真を調べなさい。検索サイトの画像検索を用いることとし，自身が所有するカードは分解しないこと。

理解度チェック

- □ これからのインターネットは，コンピュータだけでなく家電機器や自動車といった「モノ」が接続されていくことを理解した（9.1 節）。
- □ モノに割り当てられた ID を認識する技術であるバーコードの重要性について理解した（9.1 節）。
- □ 1 次元コードの構造とチェックディジットの計算方法について理解した（9.2 節）。
- □ 2 次元コードの構造と読み取り時の誤り耐性について理解した（9.2 節）。
- □ RFID の動作原理について理解した（9.3 節）。
- □ RFID の応用に関して，バーコードの代替としての期待と，非接触型 IC カードの利便性について理解した（9.3 節）。

10 仮想現実感

本章では，人とコンピュータの間でやりとり（インタラクション）をする方法の一つである**仮想現実感**について紹介する。折しも 2016 年現在，**バーチャルリアリティ**（virtual reality）という言葉が世間を騒がせている。略して **VR** とも呼ぶこの技術は，多くの人にとっては，ゴーグル型のディスプレイを頭部に装着して CG の世界を体験するものを想像するかもしれない。ここではその言葉がもつ意味に始まり，定義，要素技術，最先端の事例についても紹介する。

10.1 Virtual とは

そもそも virtual reality の「virtual」とはどのような意味をもつのだろうか？訳語が「仮想現実感」なのだから「仮想の」と答える人が多いだろう。この「仮想の」とは「コンピュータによってつくられる」という意味を含んでいると思われる。実際，バーチャルリアリティは，コンピュータでつくった現実と人間がやりとりすることを指すことから，コンピュータに関わる事象の場合ではおおむね正しいといえる。

しかし，「virtual」という単語はコンピュータ以外の事象にも使われる。以下は海外のニュースで実際に使われている英文を多少アレンジしたものである。

① She is the virtual ruler of this company.

② Suzuki, Tanaka in a virtual dead heat in the electoral district.

③ They were in virtual slavery in the company.

virtual を「仮想の」という形容詞としてこれら英文を日本語に訳すと，以下のようになる。

① 彼女はこの会社における「仮想の」支配者である。

② 鈴木氏と田中氏。選挙区で「仮想の」一騎打ち。

③ 彼らはその会社で「仮想の」奴隷状態だった。

いずれも「仮想＝コンピュータ製」として解釈すると不自然な文章になってしまう。彼女はコンピュータでつくられた支配者ではないし，鈴木氏と田中氏はコンピュータ上で選挙をしているわけでもないし，彼らはコンピュータ上で奴隷状態なわけでもない。

「virtual」を辞書で引くと，「**(厳密にはそうではないが）事実上の，実質的な**」という意味があるのに気が付くだろう。これが本来の意味である。この訳をもとに先の例文を解釈すると，以下のように意味の通った文章になる。

① 彼女はこの会社における（本当は経理担当だが，資金の使途に注文が多いので）事実上の支配者である。

② 鈴木氏と田中氏。選挙区で（本当はほかにも候補者がいるが，彼ら 2 人に支持が集中しているので）事実上の一騎打ち。

③ 彼らはその会社で（本当はただの社員だが，会社での長時間労働がひどくて）事実上の奴隷状態だった。

この点を踏まえて，もう一度バーチャルリアリティの意味を見直そう。バーチャルリアリティとは，コンピュータによってつくられた人工的な世界と，その世界を覗き込む人とがやりとりをする技術を指す。その人工世界は，厳密には現実ではない。しかし，人工世界と現実世界との差を小さくすれば，人はその人工世界を「事実上の（virtual)」「現実（reality)」としてやりとりするようになる。現在は，その人にとっての実質的な現実をつくり出すデバイスや，それを利用したサービスがつぎつぎと発表されている。

アクティブラーニング 10.1

OS が提供する機能の一つに「仮想記憶」がある。仮想記憶は英語で「virtual memory」である。まず，仮想記憶がどのような技術かを調べなさい。つぎに，なぜ virtual なのかを考えなさい。

• 仮想記憶

• なぜ「virtual」なのか

10.2 仮想現実感に必要なもの

コンピュータによってつくり出した人工的な世界が，人にとって事実上の現実世界として機能するには，どのような条件が必要だろうか。文献によって多少の差はあるが，その条件はおおむね以下の三つに集約される（**図 10.1**）。

1) 移動や体験が可能な 3 次元の仮想世界（3D virtual world）
2) 自身の身体がその仮想空間に入り込んでいる**没入感**（immersion）
3) 人が仮想世界に働きかけると反応が返ってくる対話性（interaction/interactivity）

第一に，コンピュータによってつくられた仮想世界が必要である。われわれを取り囲む現実世界は 3 次元であることから，必然的に仮想世界も 3 次元とな

図 10.1　仮想現実感の概念と構成

る。その見た目なども，現実世界に近ければ近いほどよい。

また，仮想世界が小さなディスプレイに表示されているならば，人はそれを事実上の現実世界とは受け入れられないだろう。大きな画面や，視界全体を取り囲むような映像装置が必要不可欠である。理想的には，われわれを取り囲む現実世界を遮断し，仮想世界のみとやりとりをするような環境が望ましい。

さらに，仮想世界は「リアリティに富んだ，絵に書いた餅」であっては意味がない。人の操作や動きによって視点が変わったり，手触り，音，においといった反応がなければ，現実味が感じられないであろう。

10.3　現実感はどこにあるか

では，事実上の現実世界は，人間にどのように認識されるのだろうか。

古代ギリシアのアリストテレスは，人が外界を知覚する感覚を，視覚（sight），聴覚（hearing），触覚（touch），味覚（taste），嗅覚（smell），の 5 種類に分類した。これらはいわゆる**五感**として知られている†。人は複数の感覚から得た外界の情報を脳で合成し，脳内に一つの世界をつくり上げる。この脳の中にある認識が「現実感」に相当する。言い換えれば，なにが現実かを決めるのは，人の感覚と脳しだいである。しかも，その現実感は人によって異なる。

例として，**図 10.2** 中の右側の人は，頭部に装着したディスプレイを通して

† 現在では，これら以外にも平衡などさまざまな感覚があることがわかっている。

図 10.2 現実感（リアリティ）のありか

CG で生成された美しい夜空を見ている。この仮想の夜空が現実の夜空と遜色ない場合，装着者にとってのリアリティは実質的に仮想世界によって置き換わる。一方，その様子を観測している人は，装着者が指し示す方向を見ても，そこにはなにも存在しない。それが観測者にとってのリアリティである。夜空は装着者の脳内で生み出されたものであり，装着者にしか感じることができないものとなっているためである。

10.4 仮想現実感を支えるインタフェース

10.2 節にあるように，仮想世界を実質上の現実に置き換えるためには，人をインタラクティブな仮想世界に没入させる必要がある。ここでは，それぞれの感覚に作用して没入感を高めるインタフェースについて紹介する。

10.4.1 視覚による没入感

人は外界から得る情報の 80%以上を視覚に依存していることから，視覚によって没入感を提供する研究開発が，特に多く進められている。

人の視野は片眼だけで 150° 以上あるため，テレビや PC モニタで仮想世界を提示しても，画面の外にある現実世界が目に入ってしまう。現実世界の映像を遮断し，仮想世界の映像だけを提示して没入感を高めるには，① 人の周囲を

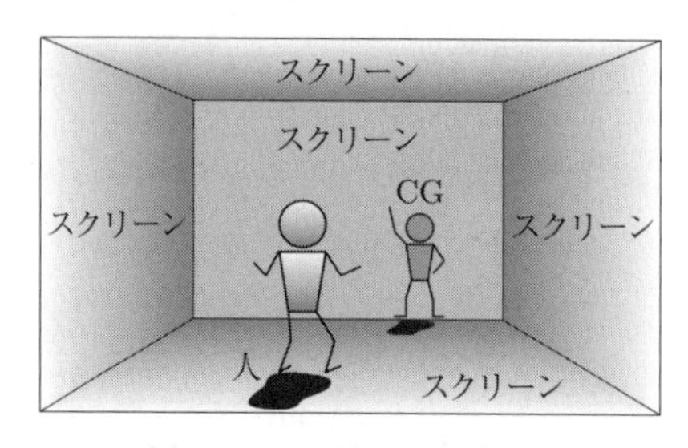

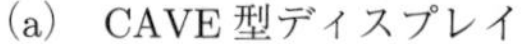

(a)　CAVE 型ディスプレイ　　(b)　ヘッドマウントディスプレイ

図 10.3　仮想世界の映像で没入感を高める方法

複数のスクリーンで囲む（**図 10.3**（a）），② 目を覆い隠すようにディスプレイを置く（図（b）），という二つの方法が考えられる。

① のようなシステムとしては，CAVE[5] が有名である。CAVE では，内部に立つ人の頭部の 3 次元座標を測定し，その視点からの映像をスクリーンに反映する。このとき，8.2.2 項で述べたゴーグルを用いて左右の眼に異なる映像を提示する立体表示も可能である。

② のようなデバイスは，**ヘッドマウントディスプレイ**（Head Mounted Display：HMD）と呼ばれている。HMD には片眼型，両眼型などさまざまな種類があるが，バーチャルリアリティで利用されるのはゴーグル型のものが多い。HMD の内部には，仮想世界の映像を表示するための小型ディスプレイが設置されているだけでなく，虫眼鏡のようなレンズもあわせて設置されている。これはなぜだろうか。

図 10.4（a）は，数 m 先にいる人を見るときの眼球と光の軌跡の様子を示している。通常，われわれが目で見た像の光は，眼球の内部にある水晶体を通して網膜に映し出される。

しかし，図（b）のように目から数 cm の位置のディスプレイに人の映像を表示した状態では，どれだけ映像を鮮明にしたとしても，目の前に小さな人がいるようにしか見えない†。このような仮想世界は現実の見え方との差が大きく，

† スマートフォンをもっている人は，画面に人の絵を映して目の前にかざしてみるとよい。

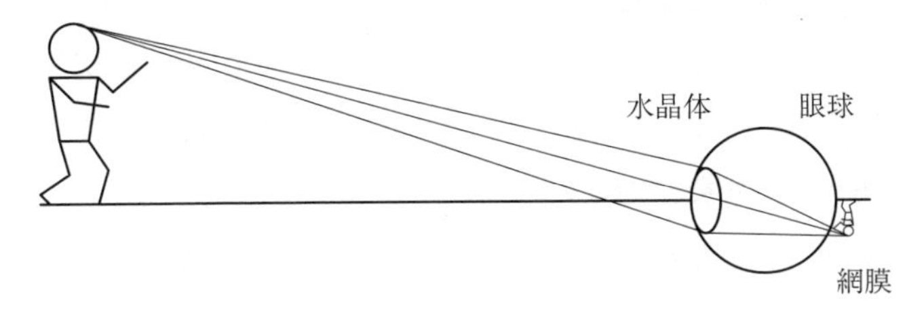

(a)　遠くの人を見るとき

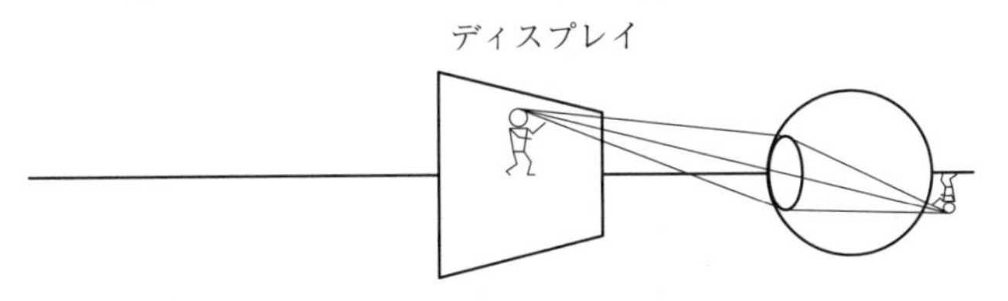

(b)　目から数 cm の位置のディスプレイを見るとき

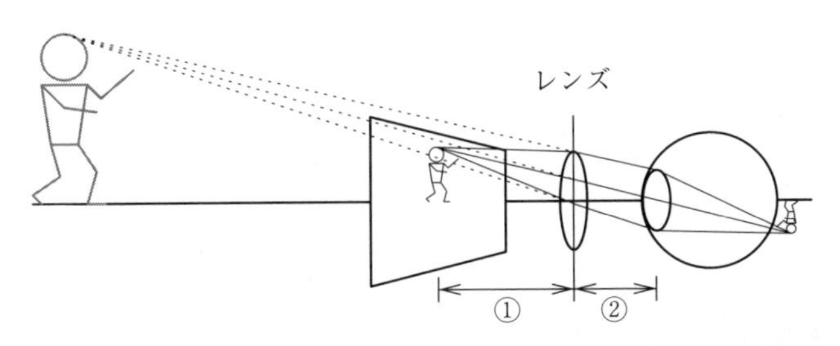

(c)　レンズを挟んでディスプレイを見るとき

図 10.4　HMD による映像提示

実質的な現実に置き換わる没入感をもたない。

図（c）のように，目とディスプレイの間にレンズを設置すると，ディスプレイから発せられた光①は，レンズで屈折して②のような軌跡をたどって網膜に届く。この②の軌跡は，レンズの左方向へ点線のように延長すると，図（a）の位置から発せられた光と等しいことがわかる。つまり，ディスプレイと目との間にレンズを挟むことによって，ディスプレイよりも遠くに人がいるように見せることができ，現実の見え方（図（a））に近付けることができる。

10.4.2　聴覚による没入感

人に対して音を提示するのは，スピーカーやヘッドフォンである。仮想空間の音で没入感を高めるには，対象となる CG の材質や動きにあった音色，音量，音質で音を再生する必要がある。

また，われわれは背後から名前を呼ばれたときに，声が聞こえた方向を瞬時に判断して後ろを振り返ることができる。人はこの方向を判断するために，左右の耳に届く音の音量差（**両耳間強度差**，Interaural Intensity Difference：**IID**）や，左右の耳に届く音の時間差（**両耳間時間差**，Interaural Time Difference：**ITD**）を利用している。例として，左耳に聞こえた音が右耳に聞こえた音よりも大きければ，音源は人から見て左側にあると判断できる。

しかし，音量差や時間差だけでは，人から見て前後や上下のどちらから音が来ているかを判断できない。そこで耳殻（じかく）（外耳の最外部），頭部，肩など耳の周辺部での反射や反響によって生じる音の周波数変化も利用している。この周波数特性（**頭部伝達関数**，Head-Related Transfer Function：**HRTF**）を考慮して音を合成し，ヘッドフォンなどで提示すると，仮想空間の特定の場所から音が聞こえるような感覚が得られる。

アクティブラーニング 10.2

両耳に届く音量差や時間差だけでは前後や上下を判断できない理由を，例を挙げて説明しなさい。頭部，両耳，音源の位置を図示すること。

10.4.3　触覚による没入感

ものに触れたときに伝わる感覚である触覚を再現しないと，人と仮想世界とのやりとりに大きな支障が生じる。

例としてキャッチボールを考えよう。現実世界でキャッチボールをする場合，ボールが手に触れた瞬間に手の平へ衝撃が伝わる。また，ボールを握ろうとするとボールからの反発力が発生し，一定以上は手を握ることができない。

一方，HMD に表示される仮想世界のボールは，現実世界で実体をもたないため，捕球をしても手にはなんの感触も得られない。また，仮想世界のボールを握ろうとしても，現実世界の手の平には指の歯止めとなるボールがないため，CG のボールの輪郭を超えて手を握ってしまう。

触覚のうち，仮想世界の物体に触ったかどうかを提示するためによく用いられるのが振動刺激である。振動を発生させる方法の代表例は，振動モータである。振動モータの回転軸にはおもりが付いている。このおもりの重心は回転軸とずれた位置にあるため，回転運動を周期的な振動へと変換することができる。温度の提示には，電熱線による加熱や，電流によって温覚と冷覚の両方が提示可能な**ペルティエ素子**も使われる。これら素子をグローブやスーツに多数装着し，仮想世界の物体との接触に連動させることで，現実世界との接触と同じような感覚を提示することができる。

一方，仮想世界の物体をもったときにかかる重力や，物体を押したり掴んだりしたときに発生する反発力は，振動や熱で再現することはできない。そこで，グローブに張力制御が可能なワイヤを取り付け，指の可動範囲を制限するなどのデバイスが開発されている。

アクティブラーニング 10.3

現実空間における医師の両手の動きを認識し，CG の患者に対して開腹や患部の切除，摘出が可能な外科手術シミュレータがあると仮定する。このシミュレータには，医師に対して触覚を提示する機能が存在しない。このシミュレータで訓練をした医師が，実際の患者に対して手術を実施するとき，どのような失敗をする可能性があるか。例を挙げて説明しなさい。

10.4.4 味覚による没入感

味覚は，口に食べ物を含んだときに認識される感覚である。味覚の基本となる要素（**基本味**）としては，甘味（sweetness），酸味（sourness），塩味（saltiness），苦味（bitterness），うま味（umami）の5種類が知られている。

人の舌に多数存在する味蕾（みらい）という器官には，味覚センサの役割を果たす味覚受容体細胞が存在する。この受容体細胞の先端に食べ物由来の化学的物質が結合すると，細胞の内と外で電気的な変化が発生する。この電気的な変化が脳に伝えられることで，人は味覚を感じている。

われわれがものを食べるときは，その味だけでなく，見た目やにおいにも気を配る。バーチャルリアリティにおいても，味覚は単体で用いられることは少なく，映像や香りといったほかの感覚刺激と連動させることが期待されている。例えば，仮想世界の中でCGのリンゴを口に運んだとき，実際にはリンゴを食べていないのにも関わらず口内にリンゴの味が広がるとすれば，人はその仮想世界をより現実のように感じることができるだろう。

しかし，人が実際に食品を食べることなく「実質上の味」を感じるには，味覚細胞に対して口腔内に化学的な刺激を適切に行う必要がある。バーチャルリアリティのシステムにおいて，各味に対応した化学物質をシステムの中で保持，利用するのは非現実的であるといえる。コンピュータからの生成と制御が容易な電気的刺激を用いて，酸味や塩味を感じさせるデバイス[7)]も存在するが，再現できる基本味には制限が多い。

このような理由から，現在の味覚に関する研究は，現実に存在せず摂食をしていない食品の味を再現するのではなく，現実に存在し，摂食中の食品の味を変更するものが多い。例えば，食器を通じて食品に対して電気刺激をON/OFFすることで，その食品がもつ塩味の強さが体感的に変化する[12)]。この形態では，人は味覚において仮想世界を通して食品とやりとりするものの，それ以外の感覚では現実世界の食品と直接やりとりをしている。図10.1の定義からすれば仮想現実感とはいえず，後述する拡張現実感や複合現実感に該当する。

10.4.5 嗅覚による没入感

嗅覚は空気中の化学物質を認識する感覚であり，いわゆる「におい」「香り」である。人の鼻腔の奥には約350種類，全体で1 000万個の嗅覚細胞が存在する。「におい」の元である揮発性の化学物質が嗅覚センサとして機能する受容体を刺激する。一つのにおい分子は複数の受容体を刺激することができ，その刺激の組み合わせが脳に伝わって「におい」の感覚として認識される。結果として，人は受容体の種類以上のにおいを識別することができる。

視覚が光の三原色，味覚が五つの基本味から構成されるのに対して，においの分子は数十万種ともいわれており，それらすべてを網羅，合成するようなシステムは現実的ではない。このような理由から，味覚と同様に嗅覚の研究開発も，視覚，聴覚，触覚といった制御が容易な感覚に比べると進んでいない。

バーチャルリアリティの分野では，特定の香りやそれらの組み合わせを人に提示する**嗅覚ディスプレイ**の開発が進んでいる。代表的なものとして，鼻や胸の付近に設置したノズルから香りが出て来るものや，空気砲のような仕組みを利用して香りを遠くまで射出するものなどがある。こうして提示した嗅覚刺激を映像などの視覚刺激と連動させることで，仮想世界への没入感を高めることができる。例えば，仮想世界において花畑やコーヒーショップの前を歩いた場合，花やコーヒーのにおいがする場合としない場合とで，どちらのほうがよいかを想像してみてはどうだろうか。

アクティブラーニング 10.4

画像検索で「嗅覚ディスプレイ」「空気砲」などをキーワードとして検索し，ノズル型および空気砲型の嗅覚ディスプレイの形状を調べなさい。つぎに，CAVE型の仮想空間に花畑を表示し，その内部に立つ人に対してそれぞれの方式でラベンダーのにおいを提示したとする。このとき，ノズル式は視覚によって，空気砲式は触覚によって没入感が低下する可能性がある。その理由を説明しなさい。

10.4.6 姿勢計測

これまでに紹介した五感すべてにおいて現実世界と区別が付かないような仮想世界ではあるものの，その仮想世界中の移動はキーボードのカーソルキーで行うとしたらどう感じるだろうか。さらには，現実世界でしゃがんでいるにも関わらず，仮想世界における自分のCG（アバター）が立ったままの姿勢で表示されるとしたら，われわれはそのような仮想世界を実質的な現実世界として認識することはないだろう。現実世界における人の動きにあわせて，仮想世界の視点や位置，アバターの姿勢などが連動しなければ，満足な没入感は得られない。

視点や移動に関しては，近年のHMDには3軸方向の位置や傾きを取得するセンサが搭載され，現実世界での頭部の位置，向き，動きと仮想世界のカメラの位置，向き，動きとが連動するようにつくられている。結果としてHMDの装着者は，現実世界と同じように，自身の頭部の動きで仮想世界の中を自由に見渡すことができる。

人の姿勢に関しては，モーションキャプチャで検出が可能である。以前のモーションキャプチャは，全身のさまざまな位置に装着した目印の動きを複数台のカメラで追跡する方法が主であり，大規模かつ高価なシステムであった。しかし，2016 年現在は横幅 30 cm 程度の大きさのデバイスが廉価で手に入るようになっている。その代表例はマイクロソフト社の Kinect である。Kinect は本来，ゲーム機のコントローラとして発売されたものであり，カメラや距離センサを用いることで，人のさまざまな関節の 3 次元座標を高速に計算することができる。そのような座標データにアクセス可能な SDK（Software Development Kit）を使うことで，Kinect をモーションキャプチャとして利用することが可能である。

10.5　クロスモーダル知覚

これまでは五感の一つ一つに対する没入感について説明してきた。しかし，人間が知覚する視覚，聴覚，触覚，味覚，嗅覚といった複数の感覚情報が相互作用して統合されたものである。この事実は，裏を返せば，ある感覚情報を刺激することにより，別の感覚情報の認知が影響を受けることを示している。例えば，マガーク効果では，「ガ」と発音している人の映像と「バ」と発音している音声を同時に提示すると，提示された側は提示された音声が「ダ」であると誤認することが知られている[6)]。つまり，視覚情報が聴覚の認知に影響を与えている。

このような感覚の相互作用を**クロスモーダル知覚**と呼ぶ。クロスモーダル知覚での錯覚を利用することで，少ない（もしくは不十分な）感覚刺激でより多くの没入感を得られる可能性がある。

10.6　仮想現実感の応用

仮想現実感の応用は，ゲームなどエンターテインメント分野で実用化が先行しているため，どうしてもそのイメージが強い。しかし，実際にはさまざまな分野において研究と実用化が期待されている。特に，体験するのが困難，危険，不可能な状況をコンピュータで再現し，それを実質的な現実として訓練などに利用するような用途に適している。

わかりやすい例はドライビングシミュレータ（**図 10.5**）であろう。このシミュレータを用いると，高速道路での運転や，街中での歩行者飛び出し回避などの訓練ができる。前者は，近辺に高速道路がなく実地での練習が不可能な教習所にとって有意義である。後者は，実際の人，車，道路で飛び出し回避の練習をするのはあまりにも危険なことから，その意義は疑うまでもないだろう。

図 10.5　バーチャルリアリティ技術の応用例（ドライビングシミュレータ）

アクティブラーニング 10.5

バーチャルリアリティ技術のほかの応用例を複数挙げなさい。また，その状況を仮想世界で再現する理由を答えなさい。

● 例

● 理由

理解度チェック

- □ virtual の本来の意味について理解した（10.1 節）。
- □ 仮想現実感に必要な三つの条件がどのようなものであるか理解した（10.2 節）。
- □ われわれが感じる現実は脳内で認識されるものであり，人によって異なることを理解した（10.3 節）。
- □ 五感それぞれに作用して没入感を高めるインタフェースについて原理や現状を理解した（10.4 節）。
- □ クロスモーダル知覚によって，単独の感覚を刺激するよりも多くの没入感を得られる可能性があることを理解した（10.5 節）。
- □ 仮想現実感は，エンターテインメントにとどまらず，実際に体験するのが難しい状況を再現するシステムとして期待されていることを理解した（10.6 節）。

11
拡張現実感

本章では，仮想現実感と並ぶ，人とコンピュータのインタラクション手法の一つである**拡張現実感**について解説する。拡張現実感は，少し前までは研究者の間で使われる用語であったが，2010年頃からのスマートフォンの普及により，現在では日常的に使われるようになった。拡張現実感は英語でaugmented realityであり，略称の**AR**を聞いたことがある人も多いだろう。ここでは，10章と同様に，元の言葉がもつ意味から，定義，要素技術，さまざまな応用事例まで紹介する。

11.1 拡張現実感とは

augmented realityの「augmented」とはどのような意味だろうか。まず，augmentは「増加・増強させる」という意味をもつ動詞である。augmentedはその過去分詞形だが，名詞realityの前にあることから，realityを修飾する形容詞として使われている。よって「増加・増強された」と訳すのが適切である。

この「増加・増強」は，「**すでにあるものに対して，なにかを足して，さらに増やす**」という意味がある。「なにもないところに，新しいなにかを追加する」のではない点に注意が必要である。

「増強」の概念を示す例として，音楽における和音（コード）の表記方法が挙げられる。**図11.1** (a) はCメジャーコード（三和音）である。図 (b) はCaugコードであるが，これはCメジャーコードの構成音の一つ「ソ」を半音階だけ高くしているため「aug」がコード名に付く。一方，図 (c) のC6コードはCメジャーコードの基準音「ド」から見て6番目の音「ラ」を「新たに付け加えた」ものである。「元からあるものを増やす」とはいえず，コード名に「aug」

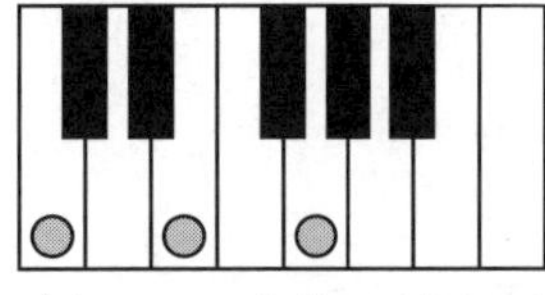

(a)　C コード(C メジャー，ド・ミ・ソの和音)

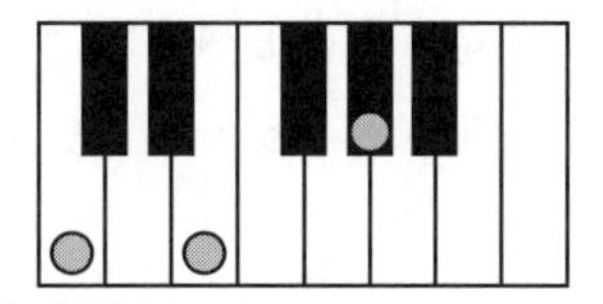

(b)　Caug コード(C オーギュメント，ド・ミ・ソ♯の和音)

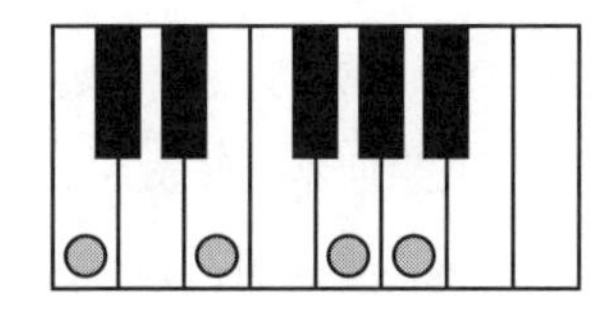

(c)　C6 コード(C メジャーシックスス，ド・ミ・ソ・ラの和音)

図 11.1　三和音コードによる「オーギュメント」の理解

は付かない。

この点を踏まえて，拡張現実感の意味について考えよう。拡張現実感は，文字通り，現実世界を「拡張・増加・増強」する考え方を指す。「増加・増強」であることから，主体となるのは現実世界である。そこに対してコンピュータでつくり出された情報を重ね合わせることで，素の現実世界よりも有意義な情報をもった「拡張された現実世界」にしようという概念が根底にある。

図 11.2 は，拡張現実感に基づくインタラクションを表している。拡張現実感では，人はコンピュータでつくられた仮想世界を通して現実世界とやりとりをする。このとき，現実世界の情報が仮想世界によって増強されて人に伝わったり，人から仮想世界への入力が現実世界に伝わったりといったインタラクショ

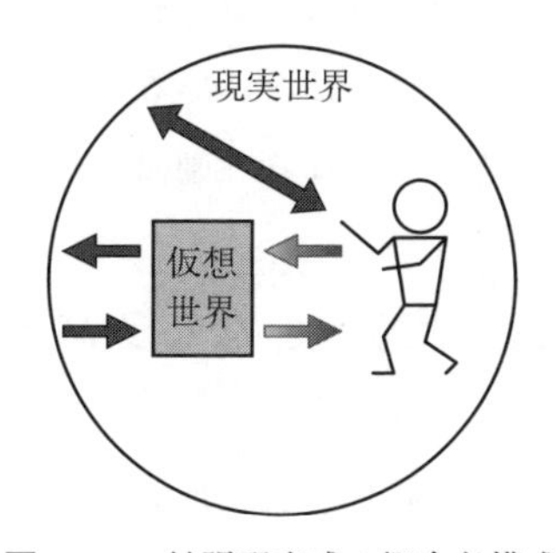

図 11.2　拡張現実感の概念と構成

ンが可能である。人は仮想世界に完全に入り込む必要はなく，仮想世界を介さずに素の現実世界とインタラクションをすることも可能である。

11.2　拡張現実感に必要なもの

11.1節の定義に基づいたARアプリケーションの例を**図11.3**に示す。図(a)では，半透明スクリーンの上に，仮想世界で作成されたCGキャラクターが表示されている。このスクリーンをその手前側に立つ人から見ると，CGキャラクターがスクリーン奥にある現実世界の箱の上に立っているように見える（図(b)）。

(a)　　(b)

図11.3　仮想世界と現実世界の合成例[9)]

このようなARアプリケーションを実現するには，以下に示す三つの要素が必要である。

1)　仮想世界と現実世界との接点となる「窓」
2)　現実世界において，なにが，どこにあるかの「認識技術」
3)　現実世界を拡張した結果生まれる「価値」

11.3　「窓」となるデバイス

仮想現実感では，仮想世界を通して現実世界とインタラクションをする。多くの場合，現実世界を増強するのに用いられるのは視覚的な情報である。したがって，図 11.3 の半透明スクリーンのように，仮想世界の情報と現実世界の情報とを同時に重ねて表示するための窓のような役割を果たすデバイスが必要である。そのほかには，10 章で紹介した HMD が挙げられる。仮想現実感で用いられる HMD が，仮想世界の情報だけを提示するのに対して，拡張現実感で用いられる HMD は，現実世界と仮想世界の情報を同時に提示する必要があり，さまざまな方式が存在する。

11.3.1 光学透過型 HMD

光学透過型 HMD は，現実世界の光に仮想世界の映像を合成するタイプの HMD である。**図 11.4** にその原理を示す。光学透過型 HMD 装着者の眼前にはハーフミラーや半透明なフィルムが置かれており，現実世界の光の一部はそこを透過して人の目に届く。一方，この光を遮らない場所には小型のディスプレイ素子があり，そこから発せられた仮想世界の映像は，レンズで画角などを調整した後，ハーフミラー上で反射して装着者の目に届く。この二つを受け取った装着者には，両者が合成された像が見える。**図 11.5** は EPSON 社が発売する光学透過型 HMD の一つ MOVERIO BT-200 である†。

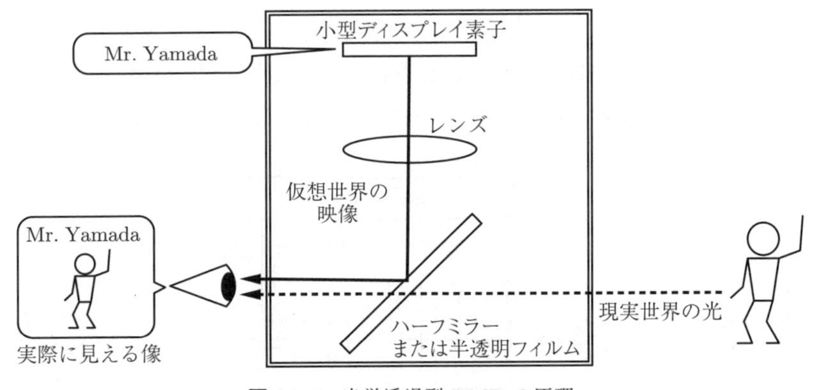

図 11.4　光学透過型 HMD の原理

† EPSON 社では，同製品をヘッドマウントディスプレイではなく「スマートグラス」という名前で呼んでいる。

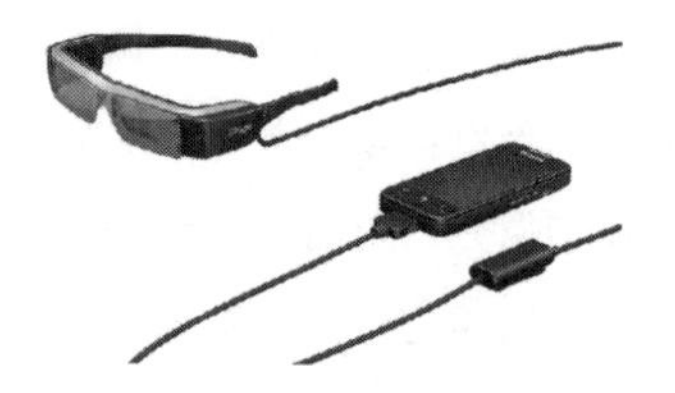

図 11.5　スマートグラス MOVERIO BT-200（写真提供：EPSON 社）

アクティブラーニング 11.1

光学透過型 HMD を実現するうえで難しい点を挙げなさい。例えば，HMD を装着したままジャンプしたり，寒くなってセータを着たりしたら，どのようなことが起こるか。

11.3.2　ビデオ透過型 HMD

ビデオ透過型 HMD は，現実世界の光の代わりにビデオカメラの映像を用いるタイプの HMD である。**図 11.6** にその原理を示す。ビデオ透過型 HMD には，10 章で述べた HMD と同様に，装着者の目を覆う位置に小型のディスプレイ素子とレンズが配置されている。HMD の外側にはビデオカメラがあり，こ

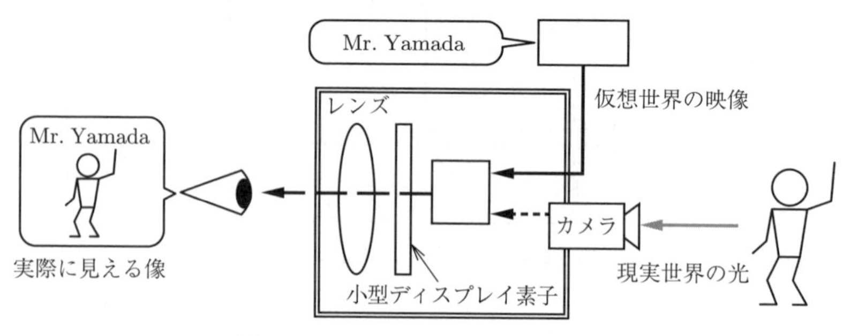

図 11.6　ビデオ透過型 HMD の原理

こで撮影した映像と，HMD 内部もしくは外部にあるコンピュータで生成した仮想世界の映像とを合成して装着者に提示する。

スマートフォンのカメラで撮影した現実世界の映像に仮想世界の情報を表示するアプリケーションが多く登場しているが，それらはビデオ透過型の一種であり，その違いは頭部装着型（ヘッドマウント）か携帯型（ハンドヘルド）かである。

11.3.3 網膜走査型 HMD

網膜走査型 HMD は，眼球内の網膜に映像を直接描画するタイプの HMD である。**図 11.7** にその原理を示す。光学透過型 HMD では，小型のディスプレイのような素子で仮想世界の 2 次元平面像を作成して投影していた。これに対し網膜走査型 HMD では，仮想世界の映像はレーザプロジェクタによって 1 本の光束として照射される。この光は高速で振動するミラー素子で縦横方向に走査され，装着者の瞳孔の中心で収束して眼球内の網膜に投影される。言い換えれば，レーザ光をペンとして網膜に高速でスケッチをしているようなものである。この仮想世界の映像は瞳孔中心で収束していることから，装着者の焦点変更の影響を受けず，つねにくっきりとした映像を投影できる。

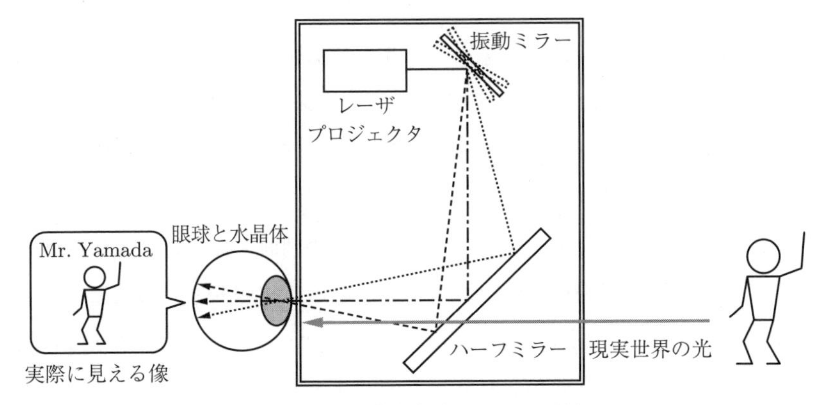

図 11.7 網膜走査型 HMD の原理

11.4　現実世界の「認識技術」

窓のようなデバイスがあれば現実世界と仮想世界を融合できるかというと，そうではない。**図 11.8** は図 11.3 と同じ AR アプリケーションであるが，CG キャラクターを表示する位置が悪く，人から見て CG キャラクターが正しい位置（箱の上の黒い枠線）に表示されていない。また，図 11.3 のように CG キャラクターが斜め前方の視点から表示されておらず，不自然である。図 11.3 のような表示を実現するためには，システムが人の位置，視線の方向，箱の位置などを把握できる必要がある。

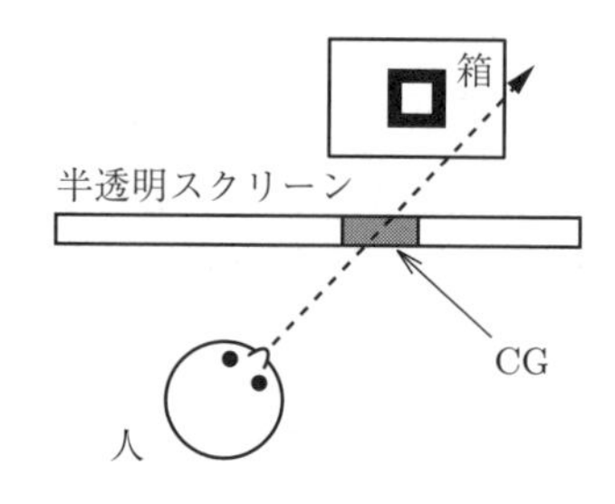

図 11.8　AR アプリケーションにおける仮想世界と現実世界の不自然な合成例

人や HMD の位置は，後述するさまざまな位置情報システムで認識が可能である。人の向きや動きは 10 章で挙げたモーションキャプチャで，HMD の動きは加速度センサで求めることができる。HMD の向きは，HMD に搭載された地磁気センサやジャイロスコープで認識が可能である。

人が現実世界でなにを見ているかをシステムが判断するには，顔の向きだけでなく，目の向き（視線）を検出する必要がある。視線の検出の代表的な方法を**図 11.9** に示す。人はものを見る方向を変えると，図 (a)～(c) のように目頭に対する瞳（虹彩）の位置が変わる。この変化を顔の前方に設置したカメラで検出することで，人の視線を検出することができる。

仮想世界の側から現実世界にある対象物を認識する方法としては，①対象物

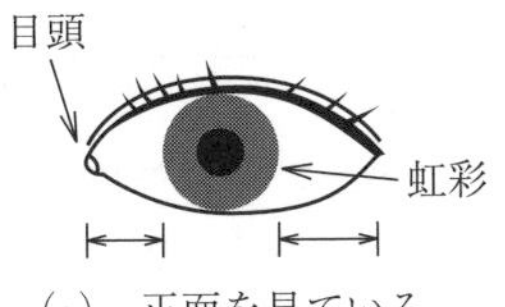

(a)　正面を見ている

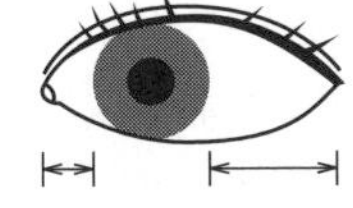

(b)　右側を見ている

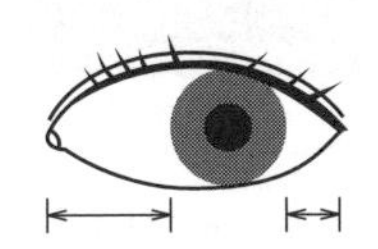

(c)　左側を見ている

図 11.9　虹彩位置を利用した視線の認識

にバーコードやRFIDタグなどを貼り付け，それをカメラやリーダで読み取る方法，②対象物がもつ画像的な特徴をカメラの映像から認識する方法，の二つがある。

例として，スマートフォンのカメラで正面にいる人を認識する場合を考える。

①の方法の場合，正面にいる人はバーコードが印刷されたバッジを付ける。このバーコードには，各自の名前や性別などの情報が埋め込まれている。スマートフォンは一定時間ごとにカメラで撮影した画像を解析し，バーコードがないかを解析する。その中にバーコードが見つかった場合，バーコードに埋め込まれた情報を取り出し，正面の人物がだれであるかを決定する。

②の方法では，正面にいる人は特別なものを装着する必要はない。人の顔は目鼻による明暗の位置や肌の色に一定の傾向があり，その特徴をプログラムで認識することが可能である（**図 11.10**）。スマートフォンは一定時間ごとにカメラで撮影した画像を解析し，その中に人の顔らしき領域が見つかった場合，その領域と，事前に登録しておいた顔画像データとを比較し，目の前の人物がだれであるかを決定する。

図 11.10　OpenCVによる顔認識の例

アクティブラーニング 11.2

スマートフォンのカメラで人物を特定する方法として，バーコードやRFIDタグを用いる方法と顔画像を用いる方法とを比較し，それぞれの利点と欠点を以下の表に書き込みなさい。

	利　点	欠　点
バーコード		
顔画像		

11.5　拡張・増強される「価値」

AR アプリケーションは，現実世界と仮想世界を自然な形で合成するだけでは不十分である。拡張現実感は現実の「増強」が目的であり，われわれから見て素の現実よりもよくなる点，価値が必要である。その AR アプリケーションを利用することで，だれがどのような利益を得られるか，そのためにどのような情報を仮想世界に表示するのかを考えなければならない。

例として，PC のキーボードを使って音符を入力することを考えよう。ピアノに慣れた人からすれば，PC のキーボードは鍵盤と見た目が異なるため，どのキーがどの音に対応するのかがわかりにくい。**図 11.11** の AR キーボードでは，現実世界にあるラップトップ PC のキーボード上に，CG で作成されたピアノの鍵盤が重ねて表示されている。この CG 鍵盤の音階と，その下にあるキーの音とが対応するため，ユーザは使い慣れた鍵盤を弾く感覚で PC キーボードを使った音符入力ができるようになる。

図 11.11　AR キーボード

理解度チェック

- ☐ 拡張のもつ「元からあるものを増やす」という意味を理解した（11.1 節）。
- ☐ 拡張現実感を実現するために必要な三つの要素「窓」「認識技術」「価値」について理解した（11.2 節）。
- ☐ 仮想世界と現実世界の接点となる窓の例として，各種 HMD の原理について理解した（11.3 節）。
- ☐ 現実世界の認識技術の例として，人の位置や視線，顔の認識技術の原理について理解した（11.4 節）。
- ☐ 拡張現実感によって素の現実世界よりも増強される価値を追求することの重要性について理解した（11.5 節）。

12
交通の情報化

本章では，交通に関わるシステムにおいて情報技術が果たす役割について紹介する。道路交通の発達は，人やものの移動，流通を促進し，われわれの生活を劇的に豊かにすることに貢献した一方で，公害や事故といった問題も同時に引き起こしてしまった。そのような問題の解決には，自動車などの機械技術の発展以外にも，ICT が果たしている役割も大きい。ここでは，効率よく，安心，安全，快適な社会インフラを支える ICT の概要と基本原理を知ることで，その恩恵を正しく受けられる力を身に付ける。

12.1 ナビゲーションシステム

ナビゲーションシステム（navigation system）とは，現在位置や目的地への経路案内を行う電子機器，サービスのことを指す。navigation の動詞「navigate」は「（船，飛行機，車などを）操縦する」という意味をもつ。その語源はラテン語で，船を意味する navis と，「動かす，操縦する」を意味する agere から構成される。

語源の通り，元々は船に関わる言葉であったが，時代とともに交通手段が増え，言葉の利用範囲が広がっていった。現在はおもに車の移動を支援する**カーナビゲーションシステム**（カーナビ）と，歩行者の移動を支援する**歩行者ナビゲーションシステム**（歩行者ナビ）が利用されている。

12.1.1 カーナビゲーションシステム

カーナビは，自動車の運転者や同乗者に対し，地図や音声で目的地への経路案内をする機器である。カーナビは，地図データと，それを表示する液晶ディスプレイのほかに，現在位置，移動速度，移動方向を取得する機能をもつ。現在位置を取得するものを位置情報システムと呼ぶ。現在位置は衛星との通信から，移動速度は自動車に搭載されたコンピュータから，移動方向はジャイロセンサから取得する。カーナビはこれら複数の計測システムを併用することで，取得する現在位置の精度を上げている。

カーナビの代わりに，現在位置，加速度センサ，小型液晶ディスプレイ，地図データ，フラッシュメモリで構成された**PND**（Portable Navigation Device）やスマートフォンを利用する人も増えている。これら簡易的なナビゲーションシステムは，自動車から車速を直接取得する手段がないため，加速度センサの値の変化から車速や移動方向を推測して精度を改善している。

自動車の運転者は，信号，標識，速度，前後左右の安全など，多くの情報に注意を向ける必要がある。そのような状況で運転者がカーナビの情報や操作に気をとられてしまうと，重大な事故につながる可能性がある。よってカーナビは，自動車運転中の画面表示やボタン操作を制限する機能をもち，音声案内を多用する。

アクティブラーニング 12.1

カーナビゲーション，拡張現実，AR などの用語を用いて画像検索を実行しなさい。また，検索結果から，カーナビゲーションシステムにおいて仮想世界と現実世界をつなぐ窓としてなにが使われているかを答えなさい。図示してもよい。

12.1.2 歩行者ナビゲーション

歩行者ナビは，歩行者に対して地図や画像，音声で目的地への経路案内を行うシステムである。カーナビと同様に，地図データ，液晶ディスプレイ，現在位置の取得機能をもち，初めて訪れる場所や複雑な構造の建物内部などで利用されることが多い。カーナビで利用する衛星からの電波を受信しにくい場合は，ほかの方法で現在位置を取得する必要がある。

カーナビとの違いは，その利用場所と，歩行者への情報の見せ方にある。カーナビは屋外，道路でのみ利用され，高速道路のように自動車での移動に特化した経路が選択される。先述のように，走行中は地図上の表示は制限される。これに対して，歩行者ナビは屋内外を問わず利用され，経路の選択には段差や屋根の有無なども考慮されることがある。自動車に比べて移動速度も遅いため，カーナビに比べると地図上に表示される情報量は多くなる。

歩行者ナビの利用者がスマートフォンの地図を見ながら歩くと，周囲への注意力が低下し，人どうしの衝突や道路への飛び出し事故につながることが報告されている。このような事故は歩行者ナビに限らずさまざまなスマートフォンアプリケーションで発生していて，「**歩きスマホ**」として大きな社会問題になりつつある。「画面を見る必要があるときは，ほかの歩行者の妨げにならない場所で立ち止まる」といった利用者のリテラシーを高める必要があると同時に，事故を減らす技術的な工夫も求められている。

12.2 位置情報システム

カーナビや歩行者ナビが機能するには，自動車や歩行者の現在位置を取得する位置情報システムが必要である。位置情報システムにはさまざまな方式が存在し，それぞれ精度や適用場所が異なる（**表 12.1**）。現在のところ，万能な方法は存在しないため，ナビゲーションシステムの利用者，利用場所，利用目的に応じて適切な方式が選択されている。

表 12.1　位置情報システムの比較

	測定方法	精　度	特　徴
GPS	人工衛星	～数十 m	範囲が広い，屋内に弱い
無線 LAN	電波強度	～5 m	屋内に強い，基地局が遠いと不可
RFID	リーダ	数十 cm～数 m	精度はリーダの設置数に依存

12.2.1 GPS

GPS（Global Positioning System）は，人工衛星からの電波を利用した地球規模の位置情報システムである。本来はアメリカが軍事目的で開発したものであるが，後に民間に開放された。

図 12.1 に GPS による位置検出の概略を示す。地球の上空約 20 000 km には複数の GPS 衛星が約 12 時間の周期で周回している[11)]。GPS 衛星 n $(n = 1, 2, \ldots)$ からの電波が受信機に届くまでにかかる時間を t_n〔s〕，電波の伝搬速度を c〔m/s〕とすると，GPS 衛星 n から受信機までの距離 d_n〔m〕はつぎの式で求めることができる。

$$d_n = ct_n$$

この距離を複数の GPS 衛星に対して求めることで，地球上にある受信機の位置を絞り込むことができる。距離を求める衛星の数が多いほど，位置の精度が向上する。

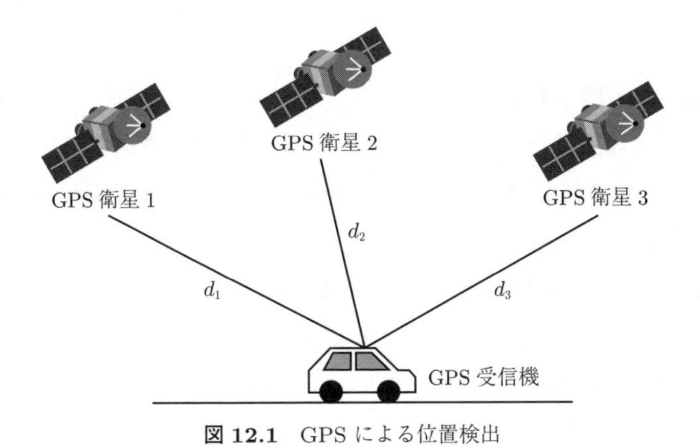

図 12.1　GPS による位置検出

GPS衛星の数は，新規打ち上げや運用終了などで変動があるものの約30個ほどあるため，地球上の全域で位置の検出が可能となっている。その精度は約10 m である。一方，衛星からの電波が遮られる屋内や地下街，建造物などの反射によって同じ衛星からの電波を複数回受信してしまうビル街や山間部では精度が落ちる。

アクティブラーニング 12.2

GPSと似た原理で，音の到達時間差から現在位置を求めてみよう。**図12.2**中のA，B，Cの3地点から同時に音を出したところ，Aからの音は2秒後，Bからの音は1秒後，Cからの音は3秒後に届いた。現在位置と思われるおおよその場所を図中に記入しなさい。ただし音の速さは330 m/s とする。

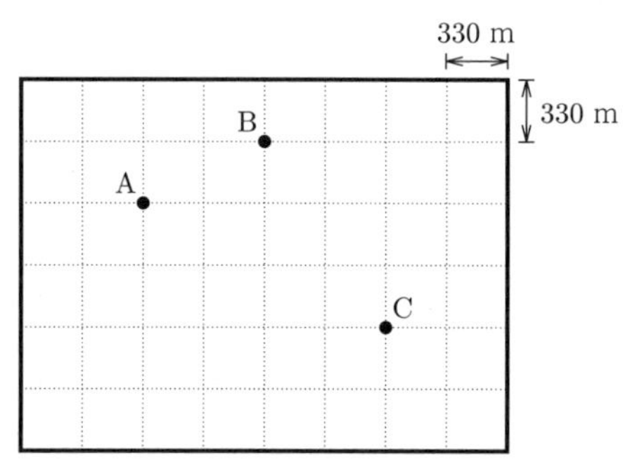

図12.2　音の到達時間差からの現在位置推定

12.2.2 無　線　LAN

GPS衛星との通信ができない屋内や，そもそもGPS受信機能をもたない端末では，無線LANを利用して現在位置を取得することができる。**図12.3**にその原理を示す。この手法では，端末が受信する電波の強さを用いてアクセスポイントまでの距離を推測する。以下にその手順を示す。

手順1　無線アクセスポイントAP1とAP2は，自身のネットワークに関する情報（SSID，MACアドレス）を周囲に定期的に発信している。この信号は，端末がそのアクセスポイントに接続していなくても受

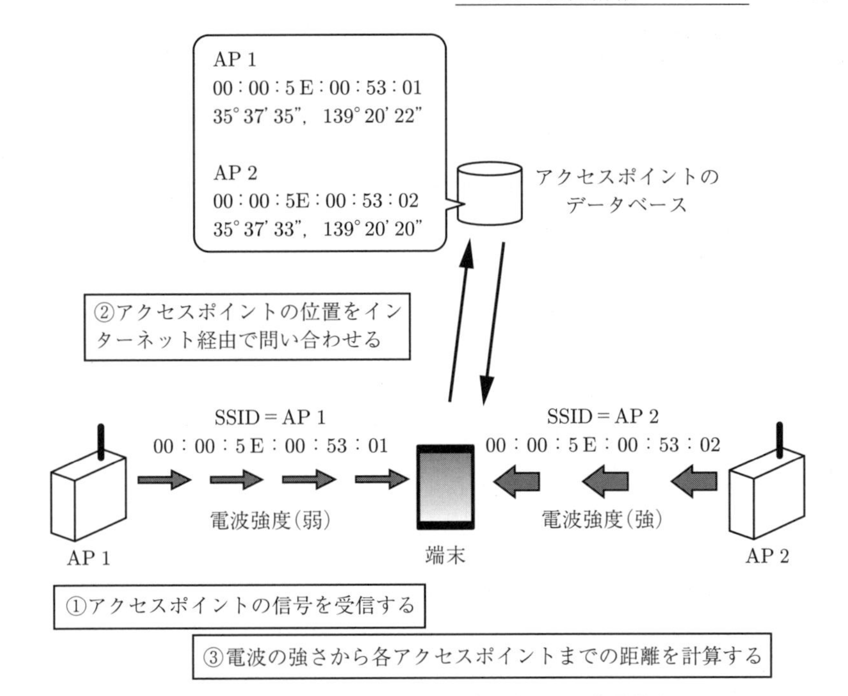

図 12.3　無線 LAN の電波強度を利用した位置検出

信することができる。

手順 2　端末は，受信した信号からアクセスポイントの情報を取り出し，インターネット上にあるデータベースに対してその位置を問い合わせる。

手順 3　端末は，手順 2 で取得したアクセスポイントの位置と，受信した電波の強度（**受信信号強度**，Received Signal Strength Indication：**RSSI**）から，各アクセスポイントまでの距離を推測する。

手順 4　複数のアクセスポイントからの距離を求めることで，端末の現在位置を絞り込む。

この方法は，各アクセスポイントの位置がわかっていること，現在位置を取得する端末はインターネットに接続できることが前提であり，その精度は数 m 程度である。アクセスポイントの位置は，ユーザが自主的に登録したり，ユーザがもち歩くスマートフォンが自動収集したデータが利用される。

アクティブラーニング 12.3

自分の PC やスマートフォンの無線 LAN（Wi-Fi）設定機能を使用し，電波の強いアクセスポイントと弱いアクセスポイントの名前を記録しなさい。その後，別の場所で再度同じ操作を実行し，先ほど記録したアクセスポイントの名前の有無や電波強度の変化を調べなさい。

測定場所 1	測定場所 2
アクセスポイント名と電波強度 強 中 弱	アクセスポイント名と電波強度 強 中 弱

12.2.3　RFID

GPS や無線 LAN では数 m の精度で現在位置を取得できるが，すべてのシステムでそこまで細かい位置情報が必要となるわけではない。例えば，オフィスの在室管理には，部屋に人がいる，いないを判断できれば十分である。

そのような場合には，RFID やバーコードを利用して位置情報システムが構築できる。この種のシステムの精度は，タグとリーダとの通信距離や，リーダの設置数によって変わってくる。例として，**図 12.4** はあるオフィスのレイアウトを示している。社員 A～D はそれぞれ RFID が入った社員証をもっていて，各部屋の入り口には社員証のリーダが設置されている。各部屋の入室にはリーダに社員証をかざす必要があるため，部屋 1 には社員 A が，部屋 3 には社員

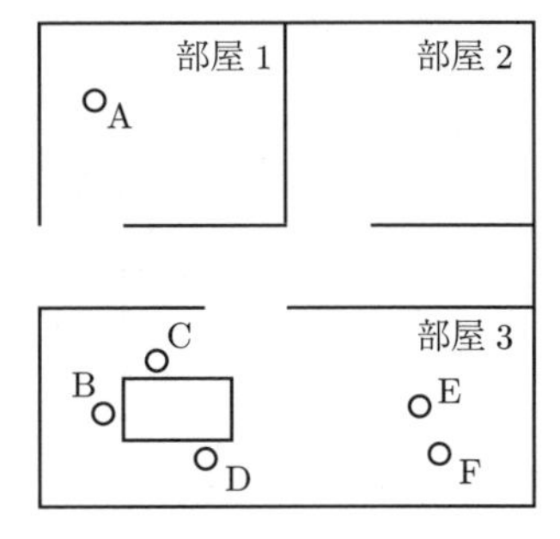

図 12.4　RFID を利用した在室管理システムの例

B〜F が在室していて，部屋 2 にはだれもいないのが把握できる。もしも部屋 3 の机にリーダが設置されていれば，社員 B, C, D がどの席に座っているかも把握できる。

12.3　経 路 案 内

現在地や目的地の緯度，経度がわかれば，つぎはナビゲーション（経路案内）が必要になる。われわれが旅行をする場合，まずは地図を見て現在地と目的地の位置関係を確認し，その後，適切な経路を選択していく。しかし，地図の表示はコンピュータで処理をするには複雑であり，混雑具合や有料，無料といった情報も記載されていない。ナビゲーションシステムが経路案内をするためには，われわれが目で見て判断しやすい地図を，コンピュータが計算や比較をしやすい表現にする必要がある。

12.3.1　ネットワークとグラフ

図 12.5（a）に示すように，地図には，地点や建物とそれらを結ぶ道が示されている。このように，いくつかの点やものと，それらを結ぶ線で表される構造を**ネットワーク**と呼ぶ。世の中のさまざまなもの，例えば鉄道の路線図や友人関係などもネットワークとして表現することができる。

このネットワークから物理的な意味を取り除き，抽象化したものを**グラフ**と

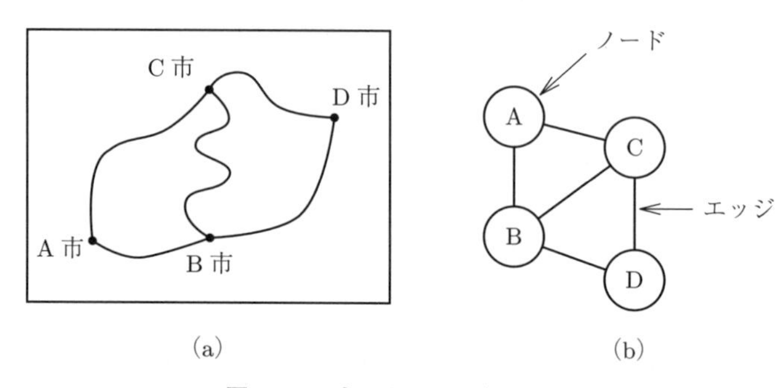

(a)　(b)

図 12.5　ネットワークとグラフ

呼ぶ（図（b））。グラフでは，ネットワークにおける点やものに相当する部分を**ノード**，線に相当する部分を**エッジ**と呼ぶ。

グラフでは，エッジに重みや向きをもたせることができる。**図 12.6**（a）は重み付けの例であり，AB 間の重みが 30，AC 間の重みが 45 を示している。現実の道路でいえば，地点間の距離や所要時間が重みに相当する。図（b）はエッジの向きの例である。同じノード間にあるエッジでも，矢印の向きが異なれば別のエッジとして扱う。現実の道路でいえば，一方通行や階段などがエッジの向きに相当する。向きがあるエッジで構成されたグラフを**有向グラフ**，向きのないエッジで構成されたグラフを**無向グラフ**と呼ぶ。

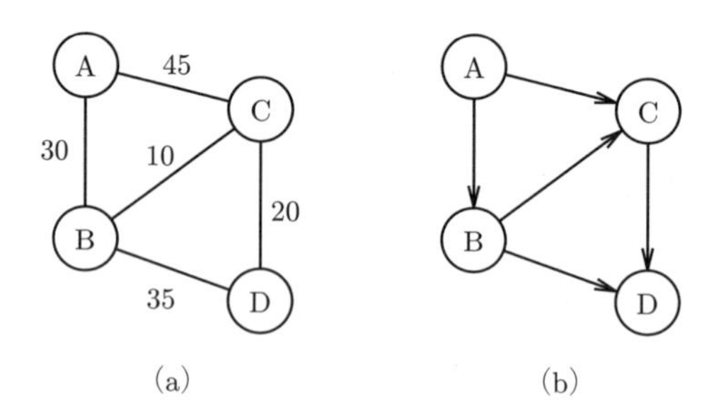

(a)　(b)

図 12.6　エッジの重みと有向グラフ

12.3.2　隣接行列

グラフをコンピュータが処理しやすい形式にする例の一つとして，ノード間の接続関係やエッジの重みを表現した**隣接行列**（adjacency matrix）がある。隣接行列 A の i 行 j 列の要素 a_{ij} は以下のように決定する。

- ノード v_i からノード v_j へのエッジが存在するとき，$a_{ij} = 1$ またはその重み
- ノード v_i からノード v_j へのエッジが存在しないとき，$a_{ij} = 0$

図 12.7 に無向グラフ（図（a））および有向グラフ（図（b））の隣接行列とそのプログラム表現を示す。図形的なグラフを数値の集まりである行列形式にすることで，経路ごとの所要時間比較といった計算処理が容易になる。経路の探索方法については専門の科目で学習してほしい。

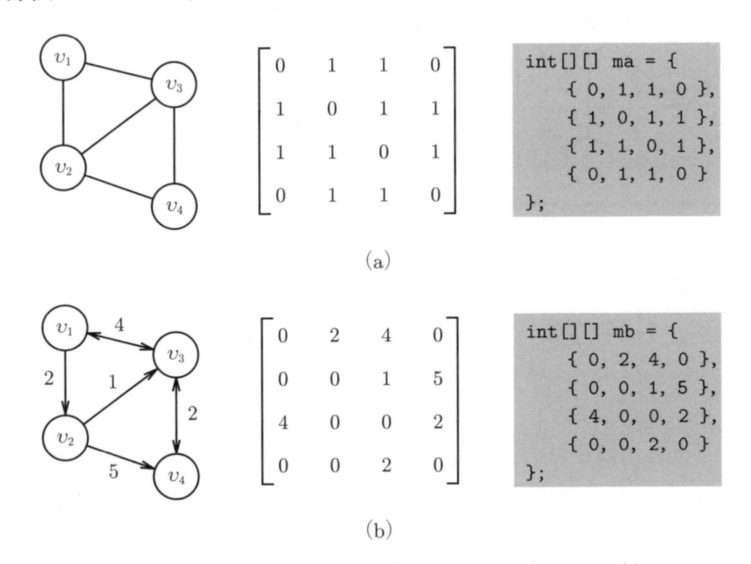

図 12.7 グラフの隣接行列と配列によるプログラム例

アクティブラーニング 12.4

図 12.8 に示す重み付きの無向グラフと有向グラフの隣接行列と，ノード v_1 からノード v_4 までの経路のうち，最小となる重みの合計およびその経路を求めなさい。また，無向グラフの隣接行列と有向グラフの隣接行列の間にはどのような違いがあるかを説明しなさい。

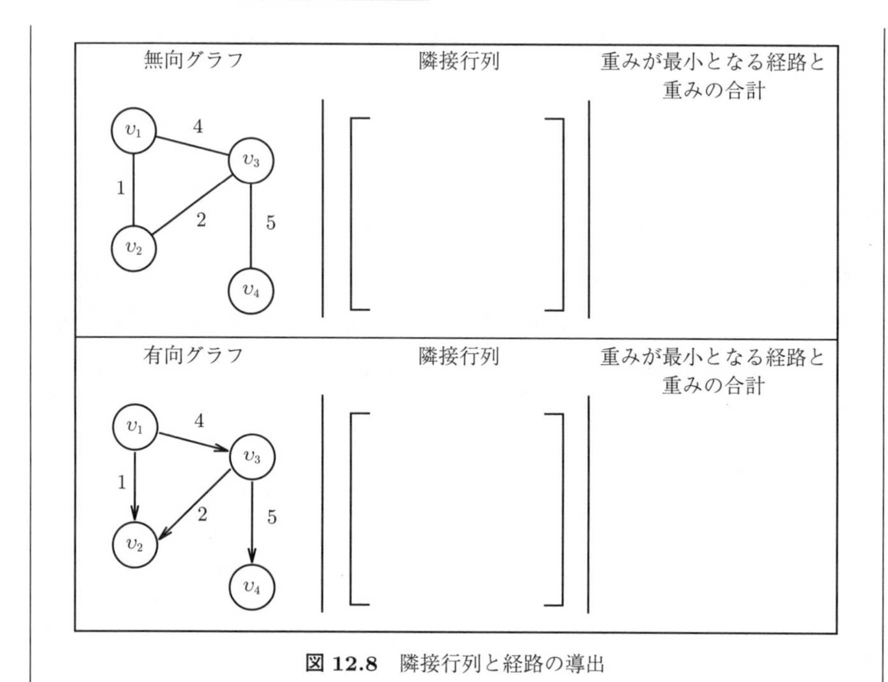

図 12.8　隣接行列と経路の導出

12.4　自動運転技術

カーナビは目的地までの経路を地図や音声で案内してくれるが，自動車の運転は人が行う必要がある。これに対し，自動車の運転そのものを自動化する**自動運転**技術が急速に発展している。

自動車や運転という言葉からは機械技術を連想するかもしれないが，自動運転の発展はICTの発展と切っても切れない関係にある。特に，画像処理の分野と関連している。

12.4.1　車線逸脱の防止

走行中の自動車が車線からはみ出そうになったときに，音を鳴らすなどして，運転手に警告するシステムを**車線逸脱警報システム**（Lane Departure Warning：

LDW）と呼ぶ。また，そのような場合に，車両を制御して車線中央部への復帰を支援するシステムを**車線逸脱防止支援システム**，**車線維持支援システム**（Lane Keeping Assist：LKA）と呼ぶ。

図 12.9 に車線逸脱を防止するシステムの概要を示す。この機能をもつ車のフロントウィンドウ周辺には，カメラが装着されている。走行中はこのカメラでつねに路面を撮影し，その画像を処理することで走行中の位置を確認している。システムは画像から車線を逸脱したと判断すると，ブザーなどで警告したり，車線中央部を向くようにステアリングを制御する。

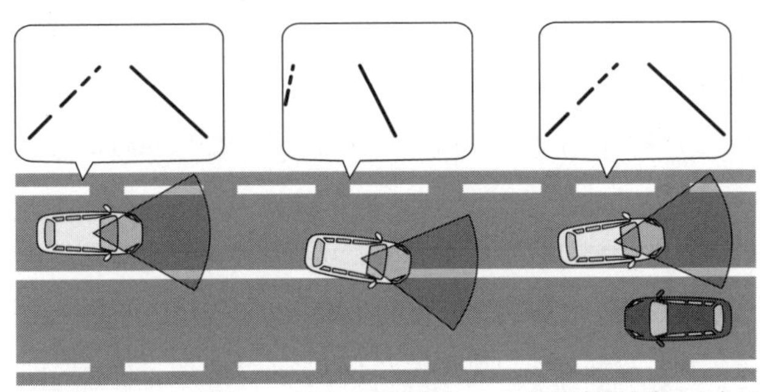

図 12.9 車線逸脱警報と車線維持支援

アクティブラーニング 12.5

カメラの画像処理による車線逸脱の検知が難しいのはどのような場面か。例を挙げて説明しなさい。

12.4.2　衝突被害軽減（自動ブレーキ）システム

2010年頃を境に，自動車に搭載したレーダなどの情報から前方の障害物の有無を車載コンピュータで解析し，衝突の可能性があるときに運転手への警告や自動的にブレーキを作動させるシステム（**衝突被害軽減ブレーキ**）が普及し始めた。

障害物の検知方法は大きく分けて，①カメラ，②ミリ波レーダ，③赤外線レーザ，の3種類がある。各方式には，得手不得手がある。

カメラを用いた方式では，車載カメラの映像を画像処理することで障害物を検知する。画像認識によって障害物が人か車かの区別ができる点に特徴がある。また，先述の車線逸脱防止支援システムとハードウェアを共通化させることもできる。その一方，カメラに障害物の画像が写りにくい悪天候時は精度が落ちる。

ミリ波レーダを用いた方式では，車両前方にミリ波を照射し，前方を走る車に当たって反射した電波を用いて障害物を検知する。カメラよりも検知範囲が広く，遠方にある障害物を検知でき，悪天候にも強いが，人間と車を区別することができない。また，他方式に比べて高コストでもある。

赤外線レーザを用いた方式では，車両前方に赤外線を照射し，その反射を用いて障害物を検知する。ほかの方式に比べて安価だが，検知範囲が短いため，自動ブレーキが作動する速度が低い。

この自動ブレーキと車速制御（クルーズコントロール）を組み合わせることで，前方の車と一定の距離を保ったままの自動走行も可能になる。このような機能をアダプティブクルーズコントロール（Adaptive Cruise Control：ACC）と呼ぶ。

アクティブラーニング 12.6

カメラの画像処理による自動ブレーキで，障害物の検知が難しいのはどのような場面か。例を挙げて説明しなさい。

12.4.3 ディープラーニングによる画像認識

本格的な自動運転を実現するには，車両前方だけでなく，走行車両の全周囲にある状況—車，人，自転車などあらゆるもの—を認識する必要がある。しかもその状況はつねに変化していく。そのような中で注目されている技術が，人工知能技術の一つである**ディープラーニング**（深層学習）を使った画像認識である。

ディープラーニングは，人間の脳のような仕組みをベースにした手法であり，さまざまな画像をコンピュータに入力することで，「車とはどういうものか」「人とはどういうものか」という特徴をコンピュータ自身が学習していく。2016年現在，その認識精度は人と同等か，それを超えるレベルになっており，自動運転車両の実現に必須の技術とされている。その利用方法は，車の全周囲を撮影可能なカメラから得られる画像を人工知能に解析させるものである。その精度は，車・歩行者・白線の有無の認識にとどまらず，自車の周囲にいる車の種類—乗用車なのか，トラックなのか，パトカーなのか—までもリアルタイムに区別可能なレベルになっている。

アクティブラーニング 12.7

周囲の状況を精度よく認識できる自動運転車が，技術的に実現できたと仮定する。この車両が日常的に使われるようになるには，どのような問題が残っているか。例を挙げて説明しなさい。

理解度チェック

- □ 情報通信技術はナビゲーションシステムに大きく貢献していることを理解した（12.1 節）。
- □ ナビゲーションシステムはカーナビゲーションと歩行者ナビゲーションに分類され，それぞれの構成要素と社会的課題について理解した（12.2 節）。
- □ 現在位置を知る位置情報システムに関して，GPS，無線 LAN，RFID を用いる各方式の原理について理解した（12.2 節）。
- □ 経路案内に関して，地点間の関係をグラフで表現すること，グラフの構造を隣接行列で表現することを理解した（12.3 節）。
- □ 自動運転技術に関して，画像処理や人工知能などさまざまな情報通信技術が重要な役割を果たしていることを理解した（12.4 節）。

13
コンピュータを介したコミュニケーション

本章では，インターネット上で利用されるさまざまなコミュニケーションツールについて解説する。ネットワーク上での人と人とのコミュニケーションや共同作業（コラボレーション）は，日常生活からビジネスに至るまで現代社会のあらゆる活動の基盤となっている。しかし，技術への理解不足に起因するトラブルも多い。ここでは，各ツールの特色を理解し，他者とコミュニケーションをとる，コラボレーションをするという本来の目的達成のために，各ツールをどのように使えばよいのかを考える場としたい。

13.1　ノンバーバルコミュニケーションとアウェアネス

コミュニケーションの目的は，人どうしの意思疎通を図ることである[13)]。人どうしのコミュニケーションでは言葉を用いるのが基本であるが，それ以外にも，表情や身振りのように，言葉に表れない情報を利用している。このような非言語の情報を利用したコミュニケーションを**ノンバーバルコミュニケーション**と呼ぶ。

対面でのコミュニケーションでは，相手がすぐ近くにいるため，ノンバーバルコミュニケーションが容易である。われわれは相手の表情やしぐさから，相手がどのような状況にあるか―話を理解しているのか，乗り気なのかなど―を気付くことができる。

これに対し，遠隔地にいる人どうしのコミュニケーションでは，相手の姿が見えなかったり，見えても小さな映像程度であるため，ノンバーバルコミュニケーションが難しい。また，ツールによっては相手とコミュニケーションをとる時間を共有していないため，反応がいつ返ってくるのかもわからない。このようなことの積み重ねによって，遠隔地にいる人どうしのコンピュータを介したコミュニケーションは，対面している人どうしの直接コミュニケーションに比べて円滑にいかないことが多い。

コミュニケーションをとる相手の状況に自然と気が付く概念を**アウェアネス**と呼ぶ。アウェアネスを向上させたツールを用いれば，遠隔地にいる人どうしのコミュニケーションが円滑になることが期待される。そのようなシステムは数多く研究開発されているものの，実際に使われるようになるかはだれにもわからない。それよりも，日常的に利用する既存ツールの特性を理解して適切に使い分け，不必要なトラブルに巻き込まれないようにすることのほうが，これからの情報化社会を生きるためのリテラシーとして必要になってくる。

13.2　電子メール

電子メールは，紙を使った郵便を電子化し，オンラインで行えるようにしたサービスである。その技術的な仕組みは第I部で説明されているため，本章では省略する。

電子メールは，当初は文字メッセージを送ることを目的に設計された。その後，技術的な工夫により画像などのファイルをメッセージに添付して送信できるようになった。その結果，文字によるコミュニケーション手段としてだけでなく，ファイル共有の手段としても使われている。現在は後述のようにさまざまなコミュニケーション手段が存在するが，電子メールは古くから仕事で用いられているためか，比較的かしこまった連絡に用いることが多い。

電話では，相手が着信をとらない限りコミュニケーションができない。このように相手と同じ時間を共有して行うコミュニケーションのことを**同期型コミュニケーション**と呼ぶ。これに対し電子メールでは，メールを開封，閲覧するタイミングは受信側の自由である（**図 13.1** 中①～③）。このようにたがいが異なる時間で情報を共有するコミュニケーションを**非同期型コミュニケーション**と

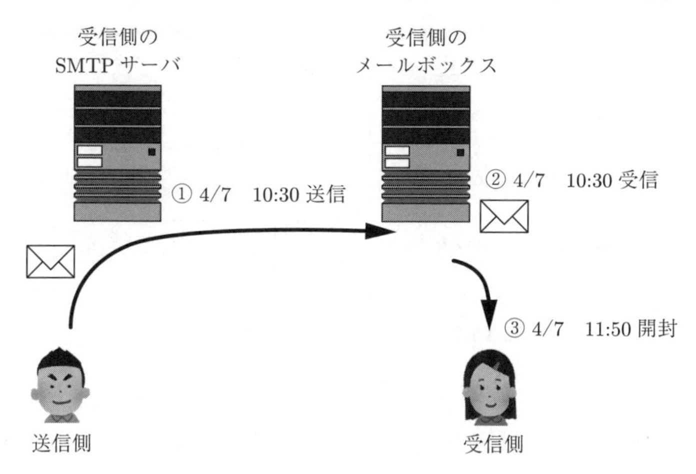

図 13.1　電子メールによるコミュニケーション

呼ぶ。

現代のビジネスでは膨大な量の電子メールを受信するようになり，その対応に多くの時間を費やしているといわれる。そのような中で，受信側が内容や重要度を判断しにくい長文メールは避けるべきである。また，相手がつねにメールの送受信ができる環境にあるとは限らず，メッセージのやりとりに時間がかかるため，じっくり議論をするのには向いていない。業務時間外の送信を避けるなど，誕生当初のコンセプトとは異なる習慣が生まれつつある。

13.3　電 子 掲 示 板

電子掲示板（Bulletin Board System：**BBS**）は，ある投稿に対して複数のユーザが返信をして議論を行う種類のコミュニケーションツールである。議論の対象となる投稿の名称は掲示板によって異なるが，よく使われる名称はトピックやスレッドである。電子掲示板には複数のトピックが存在し，その一つを選択すると，そのトピックに対する返信の一覧が表示される形式が多い（**図 13.2**）。

電子掲示板の歴史は古く，インターネットや Web が普及する以前のパソコン通信の時代から存在している。その性質上，非同期型コミュニケーションツー

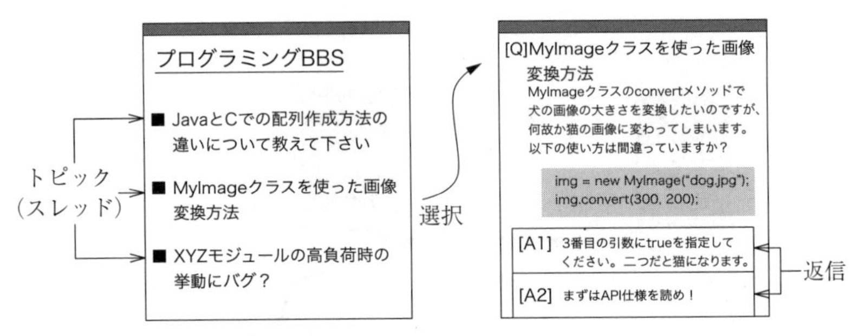

図 13.2　電子掲示板による議論の例

ルに分類される。用途としては，わからなくて困っていることを質問したり，自分の考えに対して他者の反応を集めたりする場合などが挙げられる。

電子メールでのやりとりは特定の相手と行われるのに対して，電子掲示板では不特定多数の人がたがいの意見を書き込み合う形式のコミュニケーションを提供する。しかし，相手の人となりがわからない状態で，文字だけで意図を伝える，把握するのは困難であり，些細なやりとり，もしくは悪意のある書き込みがきっかけで激しい意見の対立が起こることも多い。

アクティブラーニング 13.1

電子掲示板として著名なサービスの名前を三つ以上挙げなさい。

13.4　チ　ャ　ッ　ト

チャットとは，インターネット上で同期型のコミュニケーションを実現するサービスの総称である。おもに文字を用いて相手とコミュニケーションをするテキストチャット（**図 13.3**（a））やたがいの音声と映像を映しながら相手とコミュニケーションをするビデオチャット（図（b））がある。相手の人数は 1 人から複数人までさまざまである。

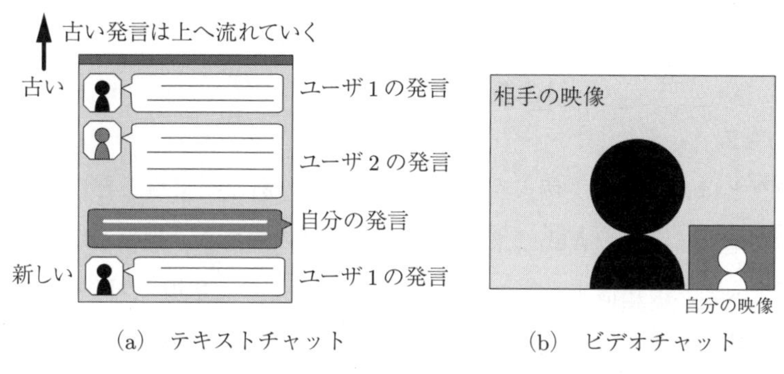

（a） テキストチャット　　（b） ビデオチャット

図 13.3 代表的なチャットツールのレイアウト

テキストチャット（図（a））は電子メールに比べて発言一つ当りの文字数が短く，気軽なコミュニケーションに用いられることが多い。しかし，古い会話はつぎつぎと画面外に流れていくため，ほかの手段に比べて発言の消費と消滅が激しく，情報を蓄えておくような用途には向いていない。また，相手が退席などで同じ時間を共有していないときは返信が滞るため，返信を早期に要求することは避けるべきである。

ビデオチャット（図（b））では相手の顔やジェスチャーが見える。相手と対面で会って話をする場合よりは劣るものの，言語以外の情報（非言語情報）が豊富なコミュニケーションができるため，重要かつ複雑な議論をするのに適している。しかし，電話と同様に相手の時間を制限するうえ，音声だけでなく映像も提供することが心理的なハードルとなることも多い。

アクティブラーニング 13.2

あなたが「こんなときはビデオチャットに出たくない」と思う状況を複数挙げて説明しなさい。

13.5 ブ　ロ　グ

ブログとは，主として個人がニュースや関心のある出来事などについて日記形式の文章にまとめ，Web 上で公開するサービスである。投稿者がブラウザから文章を入力して送信すると，ブログシステムがその記事用の HTML を生成して表示する。読者は記事に対してコメントや引用などの反応を示すことができる。このように，特定個人が公開した記事を中心にして非同期なコミュニケーションが発生する（**図 13.4**）。

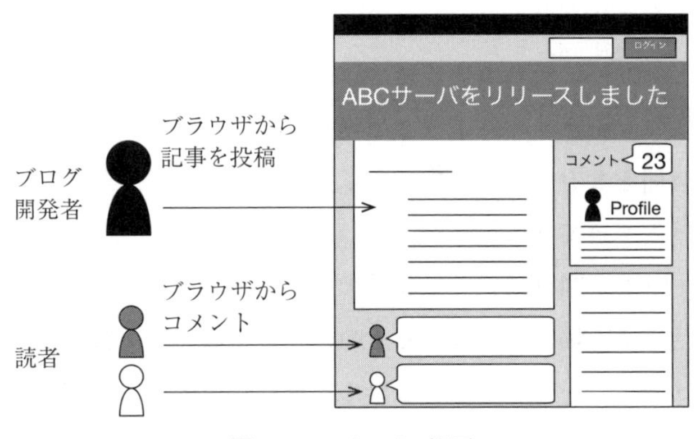

図 13.4　ブログの概要

ブログという名称の由来は「Web を log（記録）する」が「Weblog（ウェブログ）」となり，それがさらに省略されて「blog（ブログ）」と呼ばれるようになった。ブログが普及する前，Web 上で記事を公開するには，サーバ上で HTML ファイルを編集したり，手元の PC で作成した HTML ファイルをサーバへアップロードする必要があった。これに対してブログは，ブラウザ上での記事の作成と公開が容易にできる。また，投稿した記事に対してキーワード（タグ）を関連付けたり，記事を投稿月や内容で分類と検索ができる**コンテンツ管理システム**（Contents Management System：**CMS**）の機能も有している。

ブログでのコミュニケーションは，一つの話題に対して複数の人が反応するという点で電子掲示板と近い。その違いは，投稿側と読者側が電子掲示板よりも限定される点にある。電子掲示板では，一つの掲示板に複数の投稿者がさまざまなトピックを立て，各トピックにさまざまなユーザが反応をする。これに対しブログでは，一つのブログサイトに記事を投稿するのは1人もしくは1団体で，それに反応するのはそのブログを定期的に講読する人がほとんどである。

13.6 ソーシャルネットワーキングサービス

ソーシャルネットワーキングサービス（Social Networking Service：**SNS**）とは，インターネットを介して人的なネットワークでつくられるコミュニティを形成するサービスである。コミュニティは，友人どうしや共通の趣味をもった人の間で相互の要求や承認を経て形成される。そうして形成された人どうしのつながりに対して，これまでに紹介したようなチャットやブログといった各種コミュニケーションサービスが提供される（**図 13.5**）。

SNS では，不特定多数に向けて情報を発信するだけでなく，特定のコミュニティに限定することもできる。例えば同じ大学コミュニティに属する人たちだけが閲覧できるブログとして投稿することで，その情報に関心がある人だけに配信したり，プライバシーを配慮したりすることができる。

SNS のコミュニティは，時間の経過に伴い日々変動する。例えば，あるコミュニティに属する人が同時に別のコミュニティにも属していたり，別コミュニティの人と友人になったりすることで，人どうしのつながりが拡大する。それが SNS の醍醐味である一方で，コミュニティの規模が拡大しすぎると内訳（だれが所属しているのか）を把握するのが困難になる。結果として，そのコ

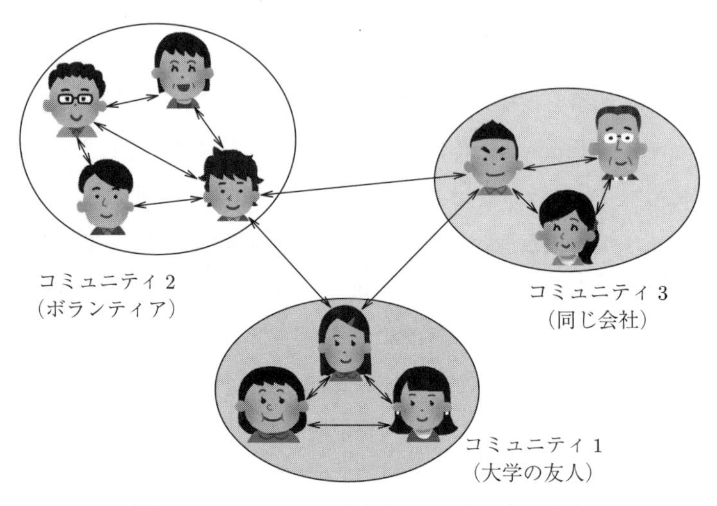

図 13.5　SNS による人どうしのつながりの拡大

ミュニティ，もしくは特定の個人に不適切な情報を発信してしまうこと（ネットスラングで誤爆と呼ぶ）が問題となっている。また，大量の情報が流入して必要な情報が埋もれてしまったり，ユーザどうしのコミュニケーションに気疲れして活動をやめてしまう **SNS 疲れ**という現象も発生している。

アクティブラーニング 13.3

SNS として著名なサービスの名称を二つ以上挙げなさい。また，そのサービス内で主要なコミュニケーション手段を挙げなさい（ブログ，チャットなど）。

13.7 オンラインストレージサービス

複数人がインターネット上で共同作業（コラボレーション）を行うのに言葉を用いたコミュニケーションが重要なことはいうまでもないが，言葉以外の「データ」の共有も重要である。**オンラインストレージサービス**とは，インターネット上のサーバマシンやクラウド上でファイル保存用のディスクスペースをユーザへ提供するサービスのことを指す。オンラインストレージを介することで，メールなどでは送信できない大容量ファイルを複数人で共有したり，そのファイルを複数人で共同編集したりできる。

この種のサービスは，PC に専用のアプリケーションをインストールすることで，手元の PC に保存したファイルを自動でオンラインストレージに送信したり，オンラインストレージに送信されたファイルを自動で手元の PC に保存することができるものも多い（**図 13.6** 中 ①〜⑤）。これ以外にも，ファイルの

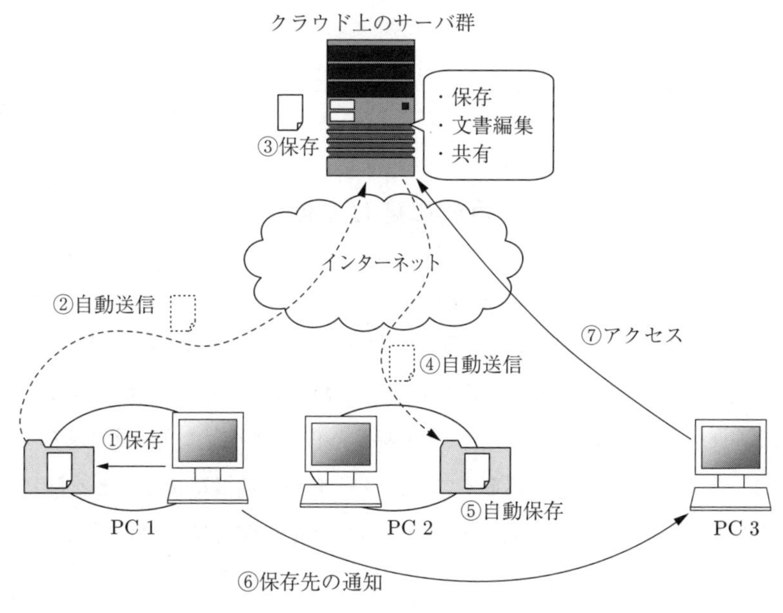

図 13.6　オンラインストレージの利用例

保存先URLを通知することでWebブラウザを用いたファイル共有が容易に行えるものもある（図中⑥，⑦）。

オンラインストレージサービスは，自分の組織以外の場所にデータを保存することになる。ファイルの保存先は，利用者の居住国とは法令が異なる海外に存在することもある。ファイル共有相手の設定や暗号化などセキュリティに注意を払うとともに，保存先サービスの利用規約も確認をしておく必要がある。

アクティブラーニング 13.4

代表的なオンラインストレージサービスの名称を二つ以上挙げなさい。また，その利用規約を読み，サービス内に保存したコンテンツの所有権や著作権の扱いについて調べ，短くまとめなさい。

13.8　目的に応じた使い分け

これまで見てきたように，現在はさまざまなコミュニケーションツールが存在するが，それぞれ一長一短がある。そのツールが不得意な場面で利用すると，作業の効率を大幅に低下させることになりかねないため，注意が必要である。

例として，4人で表計算のシートを編集する作業を考えよう。**図13.7**（a）のように一人一人が順番に作業をすれば，メールが多数飛び交うことを除けば大きな問題はない。しかし，電子メールでのファイル共有は，ほかの人がファイルを編集しているのかを把握する手段がない。よって図（b）のように，あるタイミングで2人が同時にファイルを編集してしまい，メール送信後に再編集が

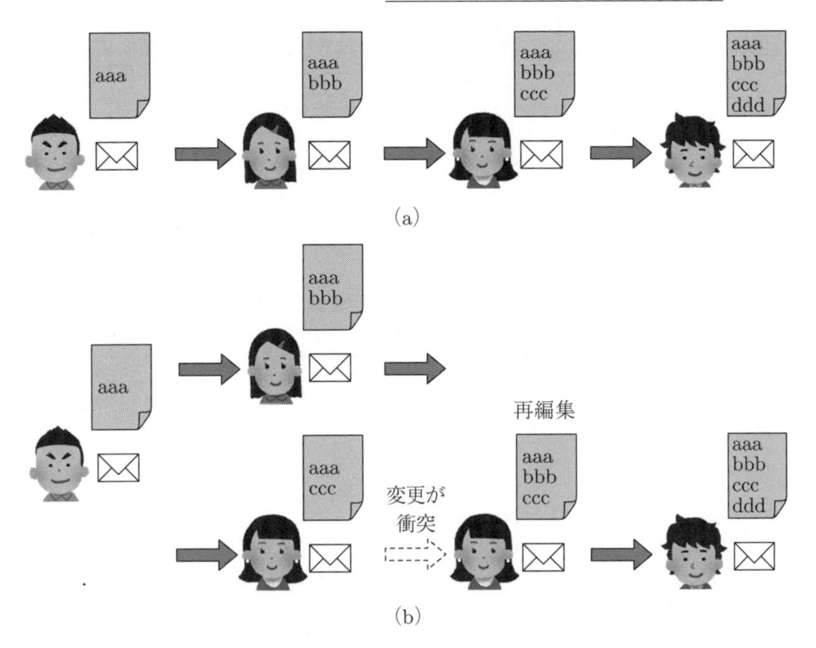

図 13.7 電子メールと添付ファイルによる共同編集

必要になるケースが頻発する。

一方，オンラインストレージサービス上でスプレッドシートを共有した場合は，共同編集機能を利用することで，編集中ユーザ名やセルの位置までもリアルタイムに確認しながら作業ができる。先程のような作業の衝突や手戻りは発生しない。

アクティブラーニング 13.5

以下の場面ではどのようなツールを用いてコミュニケーションをとればよいか。理由とともに説明しなさい。

(1) 友達に対して，今日の夜は暇かどうかを尋ねる。

(2) 指導教員に対して，就職活動に必要な推薦状の作成を依頼する。

(3) 自社製品のユーザから，その設定方法に関する質問を受け付ける。

(4) 共同実験者と 2 人でレポートを執筆する。

(5) 上記実験のデータに重要な発見があったので共同実験者と議論する。

理解度チェック

- □ 人と人とのコミュニケーションには言葉以外の情報が重要な役割を果たしていることを理解した（13.1 節）。
- □ 気持ちや意図が伝わるコミュニケーションツールも大事だが，既存ツールの特性を理解して使い分けることの重要性を理解した（13.1 節）。
- □ 電子メールの非同期性と，その普及が現代ビジネスに与えている問題について理解した（13.2 節）。
- □ 電子掲示板では不特定多数の人との議論や意見を集めるのに適していることを理解した（13.3 節）。
- □ 電子掲示板の書き込みから相手の意図を察するのは難しく，激しい意見の対立が起こることを理解した（13.3 節）。
- □ テキストチャットは気軽にコミュニケーションがとれる一方で，情報を蓄える用途には適さないことを理解した（13.4 節）。
- □ ビデオチャットはテキストチャットに比べて非言語情報が豊富な反面，それが原因で利用しにくい場面も多いことを理解した（13.4 節）。
- □ ブログと電子掲示板の違いは，記事の投稿者とその読者のつながりの強弱にあることを理解した（13.5 節）。
- □ SNS では人どうしのつながりの拡大が利用のモチベーションになる反面，誤爆や SNS 疲れといった問題を引き起こしていることを理解した（13.6 節）。
- □ オンラインストレージサービスを利用すれば複数人で効率的な情報共有ができるが，共有相手の設定や利用規約にも注意する必要があることを理解した（13.7 節）。
- □ コンピュータを介して円滑なコミュニケーションやコラボレーションを達成するには，各ツールの特性を理解し，目的に応じて使い分ける必要があることを理解した（13.8 節）。

引用・参考文献

1）井関文一ほか：情報ネットワーク概論—ネットワークとセキュリティの技術とその理論—，コロナ社 (2014)

2）加藤聰彦：インターネット，コンピュータサイエンス教科書シリーズ 10，コロナ社 (2012)

3）深井裕二：情報管理学—学士力のための情報活用能力基盤—，コロナ社 (2015)

4）寺澤卓也，藤澤公也：メディア ICT，メディア学大系 10，コロナ社 (2013)

5）Carolina Cruz-Neira, Daniel J. Sandin, and Thomas A. DeFanti：Surround-screen Projection-based Virtual Reality: The Design and Implementation of the CAVE, Proceedings of the 20th Annual Conference on Computer Graphics and Interactive Techniques, SIGGRAPH '93, Anaheim, CA: ACM, pp.135–142 (1993)

6）Harry McGurk and John MacDonald：Hearing lips and seeing voices, Nature 264, pp.746–748 (1976)

7）Nimesha Ranasinghe et al.：Digital Taste and Smell Communication, Proceedings of the 6th International Conference on Body Area Networks, BodyNets '11, Beijing, China: ICST, pp.78–84 (2011)

8）Mark Weiser：The Computer for the 21st Century, Scientific American 265.3, pp.66–75 (1991)

9）井上亮文，原　貴紀：透過スクリーン上の仮想物体に対する運動視差を用いたタッチインタラクション，サイバースペースと仮想都市研究会研究報告，Vol.19, No.CS-1, pp.21–26 (2014)

10）岡田謙一ほか：空間型インタフェース，ヒューマンコンピュータインタラクション，Chap.7, pp.140–142, オーム社 (2002)

11）松下　温ほか：GPS ポジショニング，ユビキタスコンピューティング，Chap.6.3, pp.149–152, オーム社 (2009)

12）中村裕美，宮下芳明：一極型電気味覚付加装置の提案と極性変化による味質変化の検討，情報処理学会論文誌 54.4, pp.1442–1449 (2013)

13）平井正人：コミュニケーションとインタラクション，コンピュータと表現，Chap.1.3, pp.6–7, 数理工学社 (2015)

索　　　　　引

【あ】

アウェアネス　164
アプリケーション層　20
歩きスマホ　150
暗号化　25
暗号文　25

【い】

インターネットプロトコル　65
インターネット・プロトコル・スイート　22

【え】

液晶ディスプレイ　99
エッジ　156

【お】

オンラインストレージサービス　171

【か】

換字式暗号　26
拡張現実感　138
カスケード接続　19
仮想現実感　123
カーナビゲーションシステム　148

【き】

基本味　132
逆引き　71
嗅覚ディスプレイ　133
共通鍵暗号　26

【く】

グラフ　155
クロスモーダル知覚　135

【け】

検　証　33

【こ】

公開鍵証明書　34
光学透過型 HMD　141
五　感　126
コンテンツ管理システム　169

【し】

視差バリア方式　104
車線維持支援システム　159
車線逸脱警報システム　158
車線逸脱防止支援システム　159
受信信号強度　153
衝突被害軽減ブレーキ　160

【す】

スイッチ液晶　104
スキミング　121

【せ】

静電容量方式　107
正引き　71
セッション層　21

【そ】

ソーシャルネットワーキングサービス　169

【ち】

チェックディジット　113
チャット　166

【て】

抵抗膜方式　106
ディジタルデバイド　106
ディープラーニング　161
データリンク層　21
電子掲示板　165

【と】

同期型コミュニケーション　164
頭部伝達関数　130
トランスポート層　21
トレーサビリティ　119
トレースバック　119
トレースフォワード　119

【に】

認　証　34
認証局　34

【ね】

ネットワーク　155
ネットワーク層　21

【の】

ノード　156
ノンバーバルコミュニケーション　163

【は】

バーコード 111
バーチャルリアリティ 123

【ひ】

ビデオ透過型 HMD 142
非同期型コミュニケーション 164
平　文 24

【ふ】

復　号 25
輻輳角 101
物理層 21
フルサービス・リゾルバ 71
プレゼンテーション層 21
フレームシーケンシャル方式 102
ブログ 168

【へ】

ヘッドマウントディスプレイ 128
ペルティエ素子 131

【ほ】

歩行者ナビゲーションシステム 148
没入感 125

【む】

無向グラフ 156

【も】

網膜走査型 HMD 143
モノのインターネット 110

【ゆ】

有向グラフ 156
ユビキタス 110

【り】

両眼視差 101
両耳間強度差 130
両耳間時間差 130
隣接行列 157

【A】

AR 138

【B】

BBS 165

【C】

CMS 169

【D】

DNS 65

【G】

GPS 151

【H】

HRTF 130

【I】

IID 130
IoT 110
IP 65
IP アドレス 1
ITD 130

【J】

JAN コード 112

【N】

NAPT 6
NAT 3

【O】

OSI 参照モデル 20

【P】

PND 149
POP 59

【Q】

QR コード 114

【R】

RFID 117
RSSI 153

【S】

SMTP 59
SNS 169
SNS 疲れ 170
SSL 24

【T】

TLS 24

【V】

VR 123

―― 著者略歴 ――

宇田　隆哉（うだ　りゅうや）
1998年　慶應義塾大学理工学部計測工学科卒業
2000年　慶應義塾大学大学院理工学研究科前期博士課程修了（計測工学専攻）
2002年　慶應義塾大学大学院理工学研究科後期博士課程修了（開放環境科学専攻）博士（工学）
2002年　東京工科大学助手
2003年　東京工科大学講師
現在に至る

井上　亮文（いのうえ　あきふみ）
1999年　慶應義塾大学理工学部計測工学科卒業
2001年　慶應義塾大学大学院理工学研究科前期博士課程修了（計測工学専攻）
2004年　東京工科大学助手
2005年　慶應義塾大学大学院理工学研究科後期博士課程修了（開放環境科学専攻）博士（工学）
2010年　東京工科大学講師
現在に至る

アクティブラーニングで学ぶ　**情報リテラシー**
Information Literacy—An Active Learning Approach—

2016年10月7日　初版第1刷発行　★
2017年9月10日　初版第2刷発行

検印省略

著　者	宇　田　隆　哉
	井　上　亮　文
発行者	株式会社　コロナ社
	代表者　牛来真也
印刷所	三美印刷株式会社
製本所	有限会社　愛千製本所

112-0011　東京都文京区千石 4-46-10
発行所　株式会社　コロナ社
CORONA PUBLISHING CO., LTD.
Tokyo Japan
振替 00140-8-14844・電話(03)3941-3131(代)
ホームページ　http://www.coronasha.co.jp

ISBN 978-4-339-02860-7　C3055　Printed in Japan　（新井）